Anja Förster, Peter Kreuz

Different Thinking!

So erschließen Sie Marktchancen
mit coolen Produktideen
und überraschenden Leistungsangeboten

REDLINE WIRTSCHAFT

Anja Förster / Peter Kreuz
Different Thinking!
So erschließen Sie Marktchancen mit coolen Produktideen und überraschenden Leistungsangeboten
Frankfurt: Redline Wirtschaft, 2005
ISBN 3-636-01186-3

Unsere Web-Adresse:
http://www.redline-wirtschaft.de

Web-Adresse zum Buch:
http://www.DifferentThinking.de

Umschlag: INIT, Büro für Gestaltung, Bielefeld
Coverabbildung: Murad Sekerli, www.schekerli.com
Copyright © 2005 by Redline Wirtschaft, Redline GmbH, Frankfurt/M.
Ein Unternehmen der Süddeutscher Verlag Hüthig Fachinformationen
Satz und Gestaltung: Beate Soltész
Druck: Himmer, Augsburg
Printed in Germany

„Ein faszinierendes Buch ...

... das durch Beispiele und Inspiration den Leser einen Schritt näher zu jenen erfolgreichen Querdenkern bringt, welche die Welt verändern, und einen Schritt weiter entfernt von der Schar der Nachläufer, welche das tun, was sie immer taten: Nichts."

Gerhard Zakrajsek, Geschäftsstellenleiter, IBM Austria

„Für alle, die endlich die Gesetze des grauen Geschäftsalltags brechen wollen – Inspiration und Anstoß zum innovativen Handeln für erfolgreiche Geschäftsideen."

Katarina Loksa, Marketing Manager, Procter & Gamble Europe

„Be different, be fast, be relevant" – nie war dies wichtiger als heute, selten hat ein Buch dazu so inspiriert wie ‚Different Thinking'. Absolut lesenswert!"

Andreas Peters, Marketingleiter Maggi Deutschland

„Das ist das richtige Buch für alle die, bei denen seit 30 Jahren alles nach Schema ‚F' läuft. Und für die, die jedes Mal alles neu beginnen. Und für die, denen starre Regeln ein Gräuel sind. Und für alle anderen auch."

Paul Hysek, Geschäftsführer, Management Club Wien

„... einfach aus dem Herz gesprochen. Querdenken und damit die Differenzierung als Wettbewerbsfaktor nutzen, genau das wollen wir doch alle mit unseren Unternehmen erreichen. Ein wirklich empfehlenswertes Buch!"

Roland Renggli, Vorstandsvorsitzender, Simultan AG

„Out-of-the-box-Denken, praxisnah! Das Buch spornt an, jeden Tag das Außergewöhnliche von sich selbst zu fordern und in der eigenen Firma umzusetzen. Es verhilft dem Leser, sich gegenüber dem Wettbewerb hervorzuheben und die Veränderung der Umwelt schnell in innovative und erfolgreiche Strategien umzusetzen."

Ingo Frank, Manager & Prokurist, Deloitte Consulting

„Ein äußerst motivierendes Buch für Veränderer, denn es belegt mit Praxisbeispielen, wie das Denken und Handeln in gewohnten Bahnen durch Business-Querdenker erfolgreich ersetzt werden kann."

Elmar Wohlgensinger, Präsident der GfM-Schweizerischen Gesellschaft für Marketing

„‚Different Thinking' – ein Buch, das die Wirtschaft wachrütteln sollte! Es führt dem Leser eindringlich vor Augen, wie wichtig es ist, über den eigenen Tellerrand zu schauen und offen für Neues zu sein."

Svenja Thimm, Management-Center Handwerk NRW

„Das Buch ist eine erfrischende Aufforderung, aus alten (Denk-)Mustern auszubrechen und neue Wege zu gehen. Anja Förster und Peter Kreuz überzeugen als Wegbereiter für grundlegende, wettbewerbsdifferenzierende Innovation."

Dr. Bruno Weisshaupt, Geschäftsführer TMG Systeminnovation AG, Frauenfeld

Inhaltsverzeichnis

Dieses Buch ist für Sie!

 Ein Hoch auf die Verrückten, Außenseiter, Rebellen, Unruhestifter und Querköpfe – auf die Menschen, die die Dinge anders sehen. Sie pfeifen auf die Vorschriften, und sie haben keinen Respekt vor dem Status quo. Man kann sie zitieren, ihnen widersprechen, sie verherrlichen oder verleumden, nur ignorieren kann man sie nicht, denn sie verändern die Welt und treiben die Menschheit voran. Während einige sie für verrückt halten, betrachten wir sie als Genies. Denn Menschen, die verrückt genug sind zu glauben, dass sie die Welt verändern können, werden es eines Tages tun. *Werbung von Apple Computer*

Dieses Buch wurde für all die Menschen geschrieben, die etwas bewegen wollen – in ihrer Welt und in ihrer Organisation. Es ist ein Buch für diejenigen, die sich weigern, sich dem Zynismus eines Dilbert zu beugen, und die verrückt genug sind, auch mal Neues zu wagen: Business-Querdenken!
Unsere tiefe Überzeugung: Verrückt ist, wer immer wieder das Gleiche tut und dennoch auf ein anderes Ergebnis wartet. Wagen Sie, anders zu sein, hinterfragen Sie die scheinbar unumstößlichen Gesetze Ihrer Branche und halten Sie es mit Kurt Tucholsky: „Traue keinem Fachmann, der sagt, das mache er schon seit 20 Jahren so; es könnte sein, dass er es seit 20 Jahren falsch macht."

Achtung: Jammern verboten!

Dies ist ein Buch für alle, die keine Lust mehr haben auf Debatten à la Sabine Christiansen und Gäste, die bis zur Betäubung reden, damit alles so bleibt, wie es ist. Es ist ein Buch für jene, die sich bewusst gegen den Trend des Jammerns auf hohem Niveau stellen und die überzeugt sind: Die Zukunft ist etwas, das man schafft, nicht etwas, das einem widerfährt. Es ist ein Buch für jene, für die Leidenschaft ebenso wichtig ist wie Gewinn. Es wendet sich an Leute, die der Meinung sind, dass das Denken in gewohnten Bahnen über Bord geworfen werden sollte. Es ist ein Buch für alle, die sich weigern zu glauben, etablierte Unternehmen seien nicht innovationsfähig. Dieses Buch richtet sich sowohl an jene, die es müde sind, immer auf Sicherheit zu setzen, wie auch an jene, die ihre Träume nicht auf dem Altar allgemein akzeptierter Weisheiten opfern wollen.

Wie Sie dieses Buch am besten lesen

Dieses Buch ist als praktikable Handlungsanleitung gedacht. Suchen Sie sich in den einzelnen Kapiteln die Ideen heraus, die für Sie den größten Nutzen haben. Natürlich haben wir nichts dagegen, wenn Sie das Buch zunächst einmal in einem Zug durchlesen und dann entscheiden, aus welchen Ideen und Konzepten Sie den größten Gewinn ziehen können.

Lesen Sie das Buch mit der nötigen Angriffslust! Mit diesem Buch soll gearbeitet werden: Unterstreichen Sie einzelne Passagen, schreiben Sie hinein, markieren Sie wichtige Seiten mit Eselsohren, bekleben Sie einzelne Seiten mit Haftnotizen! Tun Sie alles, was nötig ist, um so viel wie möglich für sich herauszuholen.

Spielen Sie die Querdenk-Strategien innerlich durch und experimentieren Sie damit in Ihrem Unternehmen. Betrachten Sie die Ideen als Puzzleteile, mit denen Sie nach Belieben herumspielen können: Finden Sie heraus, wie die einzelnen Teile funktionieren, versuchen Sie sie zu verbessern und kombinieren Sie sie.

 **Es gibt nur einen Weg, um Fehler zu vermeiden. Keine Ideen mehr zu haben!** *Albert Einstein*

Wir begreifen die Regeln des Business-Querdenkens nicht als unverrückbare Wahrheiten. Es sind vielmehr Werkzeuge, mit denen Unternehmen ihre Produktivität und ihre Ertragskraft dramatisch steigern können. Und davon sollen auch Sie profitieren.

Es geht darum, Unternehmen, die sich auf die Verwertung altbewährter Abläufe konzentrieren, eine Dosis Innovation zu verabreichen. Selbst wenn Ihr Team oder Ihr Bereich mit Routinetätigkeiten sehr erfolgreich ist, können die hier vorgestellten Regeln Ihnen und Ihren Kollegen helfen, eine Zeitlang einen anderen kognitiven Gang einzulegen. Sie lernen, über den Tellerrand zu blicken, alte Probleme aus neuen Blickwinkeln zu betrachten und sich von der Vergangenheit zu befreien.

Aber ... und das ist ein großes Aber ...

Vielleicht werden Sie sich beim Lesen dieses Buchs dabei erwischen, wie Sie Sätze vor sich hin murmeln wie „Das trifft für mein Geschäft nicht zu" oder „In meiner Branche ist das ganz anders" oder „Unsere Kunden werden da nicht mitspielen". Leider glauben viele Fach- und Führungskräfte im Stillen, dass sie und ihr Unternehmen etwas ganz Besonderes und ihre Arbeitsumstände mit nichts zu vergleichen sind. Das ist natürlich Unsinn. Gerade diese Denkweise führt dazu, dass man seine Fähigkeit zum Querdenken und zur schnellen Anpassung an neue Bedingungen verliert.

Ein Hersteller von Dichtungen hat mit einem Hotel genauso viel zu tun wie ein Finanzinstitut mit einem anderen: Es geht immer um Ressourcen, Geschäfte und Menschen. Sie möchten effizienter arbeiten? Sie wollen schneller werden? Sie möchten mehr erreichen? Dann müssen Sie zuallererst den Ballast abwerfen, der Sie bremst.

„Das haben wir schon immer so gemacht!" Vergessen Sie es! „Mein Unternehmen ist anders." Glauben Sie das bloß nicht! „Wir haben nicht die Zeit, unser Unternehmen völlig umzukrempeln." Wenn es so ist, suchen Sie sich besser einen anderen Arbeitgeber!

Different Thinking!

Wenn Sie wirklich cleverer, erfolgreicher und deutlich anders werden wollen, haben Sie das richtige Buch in der Hand. Sie können von den vielen Unternehmensbeispielen, die wir schildern, lernen und erhalten bewährte Strategien für Ihren persönlichen Erfolg. Sind Sie bereit?

Die Business-Querdenk-Regeln auf einen Blick

Business-Querdenk-Regel 1:
360°-Blick: Lassen Sie sich durch andere Branchen inspirieren!

Business-Querdenk-Regel 2:
Tote Mitte: Verlassen Sie mittlere Marktsegmente – schnell!

Business-Querdenk-Regel 3:
Leichtes Gepäck: Weg mit dem Speck!

Business-Querdenk-Regel 4:
Out-of-the-Box: Schaffen Sie vollkommen neue Märkte!

Business-Querdenk-Regel 5:
MaxiSize & MiniSize: Setzen Sie dem Erfolg keine geografischen Grenzen!

Business-Querdenk-Regel 6:
Mix-it! Erobern Sie neue Märkte mit Bindestrich-Innovationen!

Business-Querdenk-Regel 7:
Quasi-Monopole: Werden Sie zum Champion und zum Monopolisten in Ihrer Nische!

Business-Querdenk-Regel 8:
Produkt-DNA: Stellen Sie bestehende Produktkonzepte infrage!

Business-Querdenk-Regel 9:
Design Matters: Begreifen Sie Design als Wettbewerbsfaktor!

Business-Querdenk-Regel 10:
Erlebnis Inside: Schaffen Sie Erlebnisse, erzeugen Sie Emotionen!

Business-Querdenk-Regel 11:
Easy Inc.: Schaffen Sie mit Klarheit und Verzicht ein unwiderstehliches Angebot!

Business-Querdenk-Regel 12:
Preis-DNA: Stellen Sie etablierte Preismodelle in Frage!

Business-Querdenk-Regel 13:
Preispolarisierung: Gewinnen Sie, indem Sie Ihre Preise nach oben katapultieren oder in den Keller schicken!

Business-Querdenk-Regel 14:
Pricing-In-Between: Positionieren Sie sich clever in der Mitte!

Business-Querdenk-Regel 15:
Rockefeller-Prinzip: Verschenken Sie die Lampe und verkaufen Sie das Öl!

Business-Querdenk-Regel 16:
Personalized Price: Lassen Sie die Kunden den Preis bestimmen!

Business-Querdenk-Regel 17:
Free Price: Verschenken Sie Ihre Leistung an Kunden und lassen Sie Dritte zahlen!

Eines ist sicher: Mittelmaß gewinnt nie!

Wir leben im Zeitalter der permanenten Veränderung: Selbst Marktführer müssen sich immer wieder neu erfinden, um ihre Marktposition zu sichern. Sie werden sonst entweder von neuen Marktentwicklungen hinweggefegt oder von aufstrebenden Konkurrenten kopiert – und schließlich überrannt: heute Marktführer, morgen Mittelmaß, übermorgen in der Bedeutungslosigkeit versunken.

 Wohlstand entspringt direkt aus Innovation, nicht aus Optimierung ... man schafft keinen Reichtum, indem man das bereits Bekannte perfektioniert. *Kevin Kelly, IT-Guru*

Darauf zu hoffen, dass die Kunden von selbst in Scharen kommen und dass die Wettbewerber nicht alles unternehmen, um Ihrem Unternehmen Marktanteile abzujagen, wäre mehr als weltfremd.

Wir leben im Zeitalter des Hyperwettbewerbs: Eine riesige Zahl von Anbietern wetteifert um die Gunst der Kunden. Und diese haben die Qual der Wahl: Ständig kommen neue Produkte und Dienstleistungen auf den Markt. Produktzyklen werden immer kürzer, und zugleich sind die meisten Zielgruppen gut versorgt. Sie wissen es vielleicht noch nicht, doch eben hatte ein Wettbewerber die zündende Idee, sich ein Stück von Ihrem Kuchen abzuschneiden. Wenn Sie Glück haben, merken Sie es rechtzeitig und können gegensteuern. Vielleicht aber merken Sie es erst dann, wenn es zu spät ist.

Fazit: Wenn Sie nicht schleunigst beginnen, für sich selbst neue Wege zu suchen, verlieren Sie das Rennen!

Jonas Ridderstråle und Kjell Nordström, Professoren an der renommierten Stockholm School of Economics, bezeichnen diesen Zustand als *Funky Business*: In ihrem gleichnamigen Buch stellen sie die Kernthese auf, dass Unternehmen nur noch dann erfolgreich sind, wenn die Menschen dort anders denken können: Die Zukunft gehört den Sonderlingen – jenen, die es wagen, ein Risiko einzugehen, Regeln zu brechen und neue Regeln aufzustellen. Die Zukunft gehört dem, der die Gelegenheit dazu beim Schopf packt:

 **Wenn wir gewillt sind, ein kleines Risiko einzugehen, eine winzige Regel zu brechen, etwas von der Norm abzuweichen, gibt es zumindest eine theoretische Chance, dass wir andere Ergebnisse erzielen, eine Nische entdecken, ein kurzfristiges Monopol schaffen und dabei ein wenig Geld machen.** *Jonas Ridderstråle und Kjell Nordström*

Normalität und Konformität werden immer mehr zu Symbolen für Mittelmaß. Und das bezieht sich nicht nur auf die Produkte oder Services, die ein Unternehmen anbietet, sondern auch auf die Menschen, die dort arbeiten! Schauen Sie sich doch einmal um: Am Flughafen in den Business-Lounges, in den Großraumbüros der Unternehmen oder wo Sie sonst noch in konzentrierter Form auf die Spezies Mensch stoßen, die unter dem Sammelbegriff Manager kategorisiert wird: Alle sind grau, gestresst und humorlos. Die Wandelgänge der Unternehmen und die Hallen der Flughäfen sind voller trister Gestalten, die dieselbe Kleidung tragen und irgendwie sogar gleich aussehen. In ihren Kleiderschränken hängen Anzüge in den Farbschattierungen Mittelgrau und Dunkelgrau mit Nadelstreifen oder Mittelgrau und Dunkelgrau ohne Nadelstreifen. Anderssein ist in diesen Kreisen ebenso beliebt wie eine ausgeprägte Risikobereitschaft und wird – so unsere Vermutung – jedem operativ entfernt, der ins mittlere Management aufsteigt.

Und was passiert in diesen Organisationen? Wer die Dinge genauso angeht wie alle anderen und genauso denkt, wird natürlich auch die gleichen Produkte produzieren und diese in den gleichen Märkten anbieten. Und die Kunden? Sie belohnen Konformität und Vergleichbarkeit des Angebots mit der Höchststrafe: Die Kaufentscheidung fällt nur noch über den Preis. Denn wenn alle Produkte irgendwie gleich sind, ist es der niedrigste Preis, der für den Kunden den Unterschied macht. Deshalb gilt: Nur wer ausbricht, kann wirklich gewinnen.

Halten Sie es mit dem ewigen Stadtneurotiker Woody Allen, der einmal feststellte: „Erfolgreich zu sein heißt, anders als die anderen zu sein." Business-Querdenker sind immer wieder aufs Neue anders!

Business-Querdenken

Business-Querdenken bedeutet, mit Ihren Konkurrenten um Imagination, Inspiration, Einfallsreichtum und Initiative zu wetteifern – und sie zu übertreffen. Jeder-

zeit, auf allen Gebieten, mit allen Konsequenzen. Dabei beschränkt sich Business-Querdenken nicht nur auf Ihre Produkte. Es handelt sich dabei um eine grundsätzliche Haltung und Einstellung, mit der Sie morgens in Ihr Büro oder an Ihre Werkbank kommen und die Sie auch abends, beim Verlassen des Firmengeländes, nicht an der Pförtnerloge abgeben. **Business-Querdenken heißt, ständig auf der Suche nach neuen Ideen, klugen Strategien und neuen Wegen zu sein.**
Das Zauberwort in diesem Zusammenhang heißt *Veränderung*: Tom Peters, amerikanischer Bestsellerautor und Management-Guru, bringt es auf den Punkt:

Einzeln und als Unternehmen müssen wir lernen, Veränderungen und Innovationen mit ebenso viel Elan anzustreben, wie wir sie in der Vergangenheit bekämpft haben.

Verhaltensmuster, die bislang funktionierten und die den Erfolg des Unternehmens begründet haben, dürfen keine heiligen Kühe sein. Die Bereitschaft, lieb gewonnene Gewohnheiten permanent auf den Prüfstand zu stellen, muss zur Selbstverständlichkeit werden; Regeln und Verhaltensmuster, die bisher als unantastbar galten, müssen hinterfragt werden. Und es muss die Bereitschaft vorhanden sein, Änderungen herbeizuführen und Neues zu entwickeln. Das bedeutet auch, dass Sie jeden Tag darüber nachdenken müssen, ob Ihr Geschäft die richtige Ausrichtung hat. Sie müssen zum Vor- und Querdenker werden. Den Markt zu beobachten, Strömungen aufzunehmen und auszulegen, sind wesentliche Bestandteile Ihrer Arbeit. Und zwar nicht nur national, sondern auch international, denn Sie müssen ja nicht alles selbst erfinden, sondern können sehr gut davon profitieren, was anderswo – außerhalb Ihres angestammten Marktes – schon erfolgreich umgesetzt wird.
„Nett gesagt", werden Sie jetzt vielleicht denken, „aber da ist doch noch mein dringliches Tagesgeschäft, um das ich mich auch noch kümmern muss." Das stimmt, und nur allzu oft geben wir dem Dringlichen den Vorrang vor dem wirklich Wichtigen. Und dennoch gilt: Auch durch das Tagesgeschäft darf man sich nicht von solchen Überlegungen abhalten lassen. Erst recht nicht, wenn die Geschäfte gut laufen!
„Ist das nicht sehr anstrengend?" Aber sicher ist es das – aber gibt es eine Alternative? Wir glauben nicht, denn eines ist sicher: Mittelmaß gewinnt nie! Das hat in der Vergangenheit nicht funktioniert und wird auch in der Zukunft nicht funktionieren!

Der Weg zum Erfolg

„Wir haben doch schon kaum Zeit zum Nachdenken, wie sollen wir dann noch querdenken?" Diese oder ähnliche Aussagen hören wir immer wieder von Managern.
Die gute Nachricht deshalb gleich vorweg: Wir wollen Ihnen dabei helfen! Wie das
geht? Wir zeigen Ihnen Erfolg versprechende Ansätze. Sie lernen Organisationen
und Manager kennen, die das vertraute Fahrwasser verlassen haben und neue Strategien verfolgen, etablierte Branchenkonzepte auf den Kopf stellen oder in ganz
neue Märkte vordringen.

Dabei geht es nicht darum, dass Sie diese Beispiele originalgetreu übernehmen.
Ein bisschen nachdenken sollten Sie schon noch! Was wir Ihnen aber versprechen
können: Sie erhalten 100 Prozent Inspiration – doch ein wenig Transpiration von
Ihrer Seite ist auch erforderlich! Mit den Business-Querdenk-Strategien erhalten Sie
eine gute Gebrauchsanleitung, wie Sie aus dem Status quo ausbrechen und neue
Wege beschreiten können.

In den vier Hauptteilen des Buches stellen wir vier Strategien vor, die gemeinsam
das Grundkonzept von Business-Querdenken bilden:

∗ Stellen Sie Ihre **Strategien** in Frage!
∗ Schaffen Sie neue **Märkte**!
∗ Gestalten Sie Ihre **Produkte** radikal neu!
∗ Erfinden Sie ganz neue **Preise** und Erlösmodelle!

I. **Different Thinking:**

Strategie

 Es gibt da draußen noch Welten zu erobern.

Rupert Murdoch, Medienmogul

Was hat Business-Querdenken mit Strategie zu tun? Sehr viel! Doch lassen Sie uns damit beginnen, was Business-Querdenken NICHT ist. Es handelt sich dabei nicht um eine Handlungsanweisung für Manager, die eifrig bemüht sind, den Status quo zu sichern, die sich mit aller Macht gegen Veränderungen stemmen und die dem, was gestern erfolgreich war, mehr vertrauen, als dem, was die Quellen zukünftigen Erfolgs sein werden. Wir möchten diesen Gedanken anhand einer kleinen Geschichte illustrieren:

„In der Dämmerung am Freitag, den 13. Dezember 1907, sank das Segelschiff Thomas W. Lawson vor den Scilly-Inseln im Englischen Kanal." So beginnt das Buch „The Attackers Advantage" von Richard N. Foster, Direktor bei McKinsey. Die Thomas Lawson, ein riesiger, sperriger Siebenmaster, galt als Symbol des letzten Sich-Aufbäumens gegen die modernen Dampfschiffe, die den Seglern das Beförderungsgeschäft weitgehend weggenommen hatten. Doch anstatt die Zeichen der Zeit zu erkennen und richtig zu deuten, setzten die Eigentümer der Thomas W. Lawson auf die beharrliche Fortschreibung der Vergangenheit. Der letzte Widerstand gegen den technischen Fortschritt war natürlich aussichtslos. Foster stellt fest: „Das Zeitalter der kommerziellen Segelschifffahrt endete mit der Thomas Lawson, und von nun an beherrschten die Dampfer die See."

Es sind zwar einige Jahrzehnte vergangen, seit die Thomas Lawson sank, manchmal hat man jedoch das Gefühl, dass sie noch immer in unserer Wirtschaft herumsegelt. Oder anders ausgedrückt: Es gibt nach wie vor Manager, die hartnäckig an veralteten Produkten, Prozessen und Einstellungen festhalten, anstatt den Status quo kritisch zu hinterfragen und den Mut aufzubringen, durch Querdenken neue, frische Ideen in ihr Unternehmen zu bringen.

Champions einst: Heute vergessen

So zum Beispiel bei Zündapp, dem Motorradhersteller aus Bayern, dessen Modelle zwar nie die Faszination einer BMW oder Harley-Davidson ausübten, dessen Motorräder und Mofas aber preiswert und robust waren. „Motorräder für jedermann" versprach die Werbung dem potenziellen Käufer. 1977 beschäftigte das Unternehmen 1.900 Mitarbeiter und produzierte 115.000 Mofas und Mopeds. Zu spät erkannte das Management die einsetzende Veränderung. Rasch steigende Versicherungsprämien und die Einführung der Führerscheinpflicht für Mopeds drückten den Absatz. Die Billigkonkurrenz aus Japan machte den Herstellern das Leben auch nicht leichter. Nach Horex, Adler, NSU, Maico und Kreidler musste 1984 auch Zündapp Konkurs anmelden ...

Die Liste der Unternehmen, die blind gegenüber den Veränderungen in ihrem Umfeld waren, ließe sich unendlich fortsetzen: Man denke beispielsweise an den amerikanischen Computerhersteller Digital Equipment: Dort verschlief man den Trend zum PC völlig. Geradezu legendär ist die Aussage von Ken Olson, Gründer, Präsident und Vorstand von Digital Equipment, aus dem Jahr 1977: „Es gibt keinen Grund, warum irgend jemand in der Zukunft einen Computer bei sich zu Hause haben sollte."

Diese Beispiele zeigen, die „Thomas-Lawson-Krankheit" ist ein heimtückisches Leiden, denn sie macht blind und taub: Sie fesselt Manager an die Gans, die gestern die goldenen Eier gelegt hat, obwohl das brave Tier offensichtlich am Ende seiner Tage angekommen ist.

Vorsicht: Die Thomas-Lawson-Krankheit

Die „Thomas-Lawson-Krankheit" bricht auch aus, wenn Manager durch Bequemlichkeit im Umgang mit bestehenden Produkten und Prozessen buchstäblich blind für neue Ideen werden. Das kann insbesondere dann passieren, wenn man sich gut auf einem bestehenden Markt eingerichtet hat. Die sich schleichend etablierende Bequemlichkeit führt dazu, den Status quo nicht mehr ausreichend zu hinterfragen.

Man ist damit zufrieden, seine Produkte stetig zu verbessern, anstatt den Blick für neue, radikale Ideen und Innovationen zu schärfen. Doch genau das ist notwendig – und gleichzeitig eine der schwierigsten Herausforderungen in jeder Branche. Die Lektion ist klar: Wenn Manager sich mit dem Status quo zufrieden geben und wenn sie meinen, immun gegen die Veränderungen des Marktes zu sein, dann haben wir es einmal mehr mit den typischen Symptomen der „Thomas-Lawson-Krankheit" zu tun: Die Zahlen von heute spiegeln die Entscheidungen von gestern wider. Es gibt immer eine Verzögerung auf dem Markt; Entscheidungen, die heute zum Erfolg führen, müssen deswegen nicht auch morgen zum Erfolg führen. Die Schlachten von morgen mit den Erfolgsprodukten von heute zu schlagen, ist kein Rezept für den Erfolg eines Unternehmens, gleich welcher Größe und Branche. Deshalb ist es die Aufgabe von Führungskräften, zu Business-Querdenkern zu werden, zu einem Quell der Veränderungsbereitschaft und der Unruhe.

Von Zweiflern umgeben?

Doch seien wir fair: Natürlich ist das alles nicht ganz so einfach. Denn wenn es das wäre, würden Sie dann dieses Buch lesen? Es ist deshalb nicht ganz so einfach, weil der Weg zur Veränderung mit den Einwänden von Skeptikern gepflastert ist.

 **Die Verteidiger des Status quo werden Ihnen mit Sicherheit erzählen, dass die Umsetzung Ihrer Idee nicht möglich oder unnötig ist. Schließlich haben sie den Status quo aufgebaut und werden jetzt von Ihnen angegriffen! Wer eine Revolution schaffen will, muss Bedenken daher unbedingt ignorieren.** *Guy Kawasaki, Marketingexperte*

Und wenn Sie die Skeptiker in Ihrem Unternehmen überzeugt haben, liegt die nächste Herausforderung vor Ihnen: Natürlich birgt jedes Abweichen von der Branchennorm – und nichts anderes ist Business-Querdenken – Risiken. Aber gibt es eine Alternative? Wir denken, es gibt sie nicht! Wer Neues etablieren will, muss Risiken eingehen.

Auf Gegenwind gefasst sein!

Auch in der eigenen Organisation werden Sie auf Unverständnis und Widerstände stoßen. Natürlich werden Mitarbeiter unruhig, wenn sie ihre jahrelange Tätigkeit infrage gestellt sehen. Und natürlich fürchtet der Vertrieb sowohl die Reaktionen der bestehenden Kunden als auch den Aufwand, ganz neue, unbekannte Zielgruppen zu adressieren. Die Strategie ist in vielen Unternehmen eher darauf ausgerichtet, den vorhandenen Kunden einen besseren Service zu bieten, als völlig neue Zielgruppen zu erschließen. Und schließlich kommt erschwerend hinzu, dass die meisten Managementprozesse in den Unternehmen von den Verteidigern der Vergangenheit beherrscht werden. Sie halten an den Dingen fest, die sie in der Vergangenheit erfolgreich gemacht haben, und sind nicht gewillt, ein Risiko auf sich zu nehmen und diese Dinge über Bord zu werfen. Das bedeutet für Sie als Querdenker, dass die Beweislast für den potenziellen Erfolg von etwas Neuem Ihnen aufgebürdet wird, der den Status quo verändern will. Das ist die Ironie des Schicksals, denn das Risiko einer zu großen Investition in die Erhaltung eines maroden Status quo wird selten oder nie offengelegt. Business-Querdenkern wird auf vielfältige Art die Botschaft vermittelt, dass inkrementelle Verbesserungen weitaus sicherer sind als echte Neuerungen – obwohl natürlich viel häufiger das Gegenteil zutrifft.

Als Querdenker werden Sie sich über viele Bedenken hinwegsetzen müssen! Und dass die Konkurrenz kein gutes Haar an Ihnen lassen wird, wenn Sie mit etablierten Regeln brechen, sollte Sie schon gar nicht verwundern.
Die beste Methode, all diesen Bedenkenträgern zu begegnen, liegt darin, die gesamte Strategie zu hinterfragen und eine völlig neue Philosophie zu vertreten. Wenn Sie einen ganzheitlichen Ansatz vertreten, ist dieser wesentlich schwerer zu erschüttern, als wenn Sie nur graduelle Anpassungen, zum Beispiel am Preis-, Produkt- oder Marketingmodell, vertreten. Tauchen wir also ein in die Welt des Querdenkens. Beginnen wir gleich mit einem brisanten Thema:

360°-Blick: Lassen Sie sich durch andere Branchen inspirieren

Wir halten es keinesfalls für problematisch, *gelegentlich* zu analysieren, was die Konkurrenz macht. Das ist schlicht und einfach vernünftiges Management. Problematisch wird es dann, wenn Manager ausschließlich auf den Wettbewerb starren wie das Kaninchen auf die Schlange. Wir haben dann ein Problem damit, wenn es viele Ressourcen kostet und Manager sich davon hypnotisieren lassen – und wenn diese Manager die Schritte der Wettbewerber verfolgen, um innerhalb kürzester Zeit deren Handlungen nachzuahmen, und dabei übersehen, dass die Konkurrenten selbst oft in den Lösungen von gestern stecken geblieben sind. Was dabei herauskommt, ist klar: vergleichbare (das heißt auch: austauschbare!) Angebote mit vergleichbaren Preisen.

Belächeln Sie die Konkurrenz nicht!

Doch was passiert, wenn Querdenker mit frischen Ideen in ein solches Umfeld eindringen? Interessanterweise werden solche neuen Quellen für Konkurrenz gern als unbedeutend abgetan oder mit Arroganz behandelt. Denken Sie nur an die Reaktion der etablierten TV-Kanäle in den USA, als Ted Turner seine Idee für einen 24-Stunden-Nachrichtensender kundtat: CNN wurde als „Chicken Noodle Network" bezeichnet und Ted Turner als Spinner betrachtet und keineswegs als ernstzunehmender Querdenker wahrgenommen.

Die Frage ist, warum haben die bestehenden Stationen diese Neuerung nicht selbst eingeführt? Warum haben die etablierten amerikanischen Sender ABC, NBC und CBS keinen 24-Stunden-Nachrichtenservice eingerichtet? Man würde zu Recht vermuten, dass diese riesigen Sender einen Außenseiter wie Turner schnell loswerden könnten. Man würde sogar annehmen, dass die Großen durch ihre Präsenz am Markt, ihre finanzielle Stärke und ihr technisches Wissen viel eher als jeder Neueinsteiger ein neues Produkt in einem neuen Format auf den Markt bringen könnten. – Tatsache ist, dass genau das Gegenteil davon eintrat.

Vergessen zu lernen ist ein Erfolgsfaktor!

Viele Große auf dem Markt verschanzen sich hinter einem „Bewahrungs-Denken", wie wir es bei der Beschreibung der „Thomas-Lawson-Krankheit" festgestellt haben. Das Problem ist, sie werden von ihrer Vergangenheit zurückgehalten: vom scheinbaren Komfort des Status quo und der Abneigung gegen jegliche Form von Risiko, die mit dem Beschreiten neuer Wege verbunden ist. Und obwohl die früheren Marktbedingungen ganz anders waren, als sie es heute sind, und obwohl die Chancen von morgen sich von den heutigen nur allzu deutlich unterscheiden, weisen die Bewahrer des Status quo gerne auf ihre früheren Erfolge mit den jetzigen Produkten hin und halten ein verbissenes Engagement ihnen gegenüber aufrecht.

Wenn Sie glauben, dass ein Produkt ein absoluter Renner wird, dann darum, weil Sie das Konzept schon kennen und verstehen. Nur: Das tut auch die Konkurrenz. Produkte, die neue Nischen für sich entdecken oder ganze Branchen begründen wie etwa FedEx, CNN, Post-it oder Ziplocs, finden meist in Bereichen Anwendung, die bei ihrer Markteinführung unvorstellbar waren. Und das ist schon alles.

Tom Peters, amerikanischer Managementvordenker

Schauen wir uns ein weiteres Beispiel an: Die Coffeeshop-Kette Starbucks hat mittlerweile eine weltweite Erfolgsstory geschrieben. In Amerika geht der Erfolg sogar so weit, dass Starbucks von allen Einzelhändlern der USA die treueste Kundschaft hat. Der durchschnittliche Starbucks-Kunde besucht einen Laden 18 Mal pro Monat! Wo war Nestlé, das Nescafé herstellt, den Kaffee mit den weltweit besten Verkaufszahlen? Warum hat man sich bei Nestlé nicht ein Konzept für ein weltweites Netz von trendigen Coffee-Bars einfallen lassen? Schließlich ist man im Kaffeegeschäft doch zuhause! Worüber hat man sich bei Nestlé den Kopf zerbrochen? Vermutlich über die Farbe der Verpackungen und die Form der Dosen, die in die Supermarktregale gestellt werden sollen, oder darüber, wie der Konkurrent Procter & Gamble aus dem Feld geschlagen werden könnte.

Warum haben die bestehenden Anbieter diese Innovation nicht selbst eingeführt? Ganz einfach: Sie haben diese Chance überhaupt nicht gesehen. Und als dann der Außenseiter Howard Schultz die Starbucks-Idee mit einigen Coffeeshops in Seattle

Abbildung 1: Starbucks: Weltweit über 8.500 Filialen in kurzer Zeit und doch ein Geschäft, das die klassischen Wettbewerber übersehen haben

zum Leben erweckte, hat man ihn überhaupt nicht als Konkurrenten wahrgenommen.

Die Blickrichtung korrigieren!

Die Wahrheit: Die führenden Unternehmen einer Branche betrachten häufig traditionelle Unternehmen als den Feind. Doch das ist die falsche Blickrichtung:

 Irgendwo da draußen existiert eine Kugel, auf der der Name Ihres Unternehmens steht. Irgendwo da draußen gibt es einen Konkurrenten, noch ungeboren und unbekannt, der dafür sorgen wird, dass Ihre Strategie veraltet. Sie können der Kugel nicht ausweichen. Sie müssen als Erster schießen.

Gary Hamel, Strategie-Guru, Professor an der London Business School

Darin liegt die größte Gefahr – und gleichzeitig auch Ihre Chance: Blicken Sie über den Tellerrand der eigenen Branche hinaus und bringen Sie, sozusagen im 360°-Blick, gute und brauchbare Elemente verschiedener Branchen zusammen.

Business-Querdenk-Regel 1:
360°-Blick: Lassen Sie sich durch andere Branchen inspirieren!

Konventionelles Denken: Sie suchen Innovationen und gute Ideen im engen Wettbewerbsumfeld und in der eigenen Branche.

Business-Querdenken: Suchen Sie gezielt in vollkommen fremden Branchen nach Ideen, Inspiration und Anregungen für neue Leistungsangebote!

Oft ist zu beobachten, dass Unternehmen primär darauf eingestellt sind, sich mit ihren Branchenrivalen zu messen und diese zu schlagen. Das führt aber dazu, dass sich die Strategien, Produkte und Preise tendenziell angleichen – entlang derselben Grunddimensionen des Wettbewerbs. Indem Konkurrenten nun versuchen, einander auszustechen, wetteifern sie am Ende nur noch auf der Basis weiterer Verbesserungen bei den Kosten, den Prozessen oder der Qualität – oder bei allen dreien.

Grenzenlos denken!

Der Blick über den Tellerrand macht den Unterschied zwischen Unternehmen, die einem konventionellen Denkmuster folgen, und solchen, die Business-Querdenken leben. Unternehmen, in denen konventionell gedacht wird, befassen sich ausgiebig mit ihren aktuellen Kunden, um neue Ideen für Produktverbesserungen oder Änderungen des Marketing-Mixes zu entwickeln. Dieses Verhalten führt zwar zu Verbesserungen, aber nicht zu bahnbrechenden Neuerungen, nicht zu Andersartigkeit (im positiven Sinne) und nicht zu Differenzierung. Im Gegensatz dazu erweitern Unternehmen, in denen Business-Querdenker zu Hause sind, den Horizont: sie schaffen neue Märkte, ändern die Spielregeln und entwickeln ganz neue Produkte oder Geschäftsmodelle. Die Neuheit kann dabei auch im Begründen neuer Preiskategorien oder bisher unerreichter Servicequalität liegen, wie wir an vielen Beispielen noch zeigen werden.

Business-Querdenken erfordert ein anderes strategisches Denken. Statt lediglich die konventionellen Grenzen des Wettbewerbs im Auge zu haben, müssen Manager systematisch darüber hinausblicken. Das erlaubt ihnen, noch unerschlossene Territorien zu entdecken, deren Besetzung echte Wertsteigerungen ermöglicht. Dazu gilt es, die gewohnten Grenzen des Wettbewerbs außer Acht zu lassen und den Blick auf ganz andere Branchen, weitere strategische Gruppen und Käuferkreise und ergänzende Produkt- und Serviceangebote zu richten.

Geschäftsmodelle übertragen: Zoll geht bei eBay in die Schule

Mit allem nötigen Respekt sei hier angemerkt, dass wir bisher immer davon ausgegangen sind, dass sich Behörden nicht unbedingt als Brutstätten für Querdenker auszeichnen. Wie falsch man mit diesem Urteil liegen kann, zeigt das Beispiel der deutschen Zollverwaltung. Diese suchte nach neuen Möglichkeiten, die im staatlichen Auftrag gepfändeten oder beschlagnahmten Gegenstände wieder loszuwerden. Auf der Suche nach Ideen blickte man über den Tellerrand der eigenen Branche in ganz andere Gefilde: Onlineauktionen. Genauer gesagt verwendete man die Aktivitäten des Onlineauktionshauses eBay als Inspiration für ein neues Verkaufsmodell: Unter der Internetadresse www.zoll-auktion.de versteigern mittlerweile fast 200 Behörden alles, was im staatlichen Auftrag konfisziert wurde: Autos, Teppiche, Computer, elektronische Geräte aller Art, Uhren, Anglerzubehör ... bis hin zu Kaffee und Spirituosen.

Was können wir von diesem Beispiel lernen? Ein Unternehmen – und das gilt auch für Behörden – muss heute verstärkt unkonventionelle Wege gehen, um seine Kunden zu erreichen. Zweitens stellen wir fest: Wenn man mit Konventionen bricht, ergeben sich vielversprechende Konsequenzen: die Erlangung eines temporären Monopols, die Etablierung einer Marke auf einem neuen Markt, die Einrichtung einer Lerninfrastruktur mit Vorsprung zur Entwicklung von Produkten und Services für eine neue Generation.

Betrachten wir die Geschichte von Unternehmen wie CNN, Dell, Ikea oder Swatch, dann erkennt man schnell, dass diese von Branchenexperten, Analysten, Konkurrenten und Kunden anfänglich deshalb für verrückt erklärt wurden, weil sie die Regeln der Branche gebrochen und neu erfunden haben. Diese Unternehmen sind aber auch gleichzeitig Beispiele dafür, dass Intuition, Leidenschaft, Innovationsfreudigkeit und eine gehörige Portion Querdenken Basis des Erfolgs sind. Oder, wie Akio Morita, Gründer von Sony, seine Managementphilosophie kurz und prägnant ausdrückte: „Ich bediene Märkte nicht. Ich schaffe sie."

Und noch etwas zeichnet diese Unternehmen aus: Es ist der Mut der Manager in diesen Unternehmen, die bereit sind, neue Wege zu gehen, Risiken zu tragen und die Regeln der eigenen Branche neu zu definieren.

Kunden brechen mit Traditionen – Sie auch?

Vielleicht kennen Sie das noch aus der eigenen Familie: Bei welcher Bank man seine Geldgeschäfte tätigte, kam der Entscheidung für die Religionszugehörigkeit gleich, und diese wechselt man ja auch nicht wie ein Hemd oder die Unterwäsche. Die Tatsache, dass die Kundentreue für ein bestimmtes Finanzinstitut vornehmlich auf Tradition fußte, war aus Sicht der Banken natürlich toll. Wen wundert es also, dass sich das Bankgeschäft in der Vergangenheit vor allem durch Tradition und starre Regeln auszeichnete? Manche Kritiker behaupten, dies sei in manchem Finanz-Glaspalast auch heute noch so. Doch auf der Kundenseite sind nachhaltige Änderungen eingetreten.

Früher galt: Seine Bank wechselt der Kunde eben nicht. Doch heute sieht das anders aus: Direktbanken, die immer stärkere Öffnung der Märkte für ausländische Anbieter und nicht zuletzt Onlinebanking verändern das Kundenverhalten nachhaltig. In diesem Umfeld, das derart unter Druck steht, sind laue, extrem vorsichtige oder nachahmende Strategien ein Rezept, um sich im besten Fall gerade so in seiner Position zu halten oder, im schlechtesten Fall, zu versagen.

Die Konsequenz: Wenn die Kunden nicht erkennen, was Ihre Produkte einzigartig und innovativ macht, steuern Sie auf ernsthafte Probleme zu. Warum? Weil Kunden die Messlatte ihrer Erwartungen immer höher hängen. Sie verlangen mehr, und dies immer schneller, besser und billiger – und sie wollen es zu ihren Konditionen und nach ihren Terminplänen. Denken Sie darüber nach: Die Erwartungen, die Sie heute an Telefonie, Computertechnologie und den Service im Hotel stellen, sind dramatisch höher, als sie es vor fünf Jahren waren. Ist es ein Wunder, dass der Marketing-Guru Regis McKenna behauptet, wir befänden uns im Zeitalter des „nie zufriedenen Kunden"?

Prozessoptimierung: Wie Banken von DaimlerChrysler lernen

Das bedeutet, dass Banken – und nicht nur die – noch professioneller werden müssen, um im Wettbewerb zu überleben. Gerade das Filialgeschäft ist hier ein ganz wichtiger Ansatzpunkt, denn es ist für die Banken sehr kostenintensiv. Ob Deutsche Bank, Commerzbank, Dresdner Bank oder Citibank. man ist auf der Suche nach neuen Wegen. Und wurde bei der Automobilindustrie fündig: Um zukünftig wettbewerbsfähig zu sein, müssen die Prozesse optimiert, rationalisiert und standardisiert werden. Und man muss sich auf seine Kernkompetenzen konzentrieren: Während Banken üblicherweise 80 bis 90 Prozent der Wertschöpfung selbst erbringen, liegt dieser Prozentsatz in der Automobilindustrie vielfach unter 30 Prozent.

Die Citibank exerzierte es vor: Man holte sich Berater ins Haus, die zuvor bei DaimlerChrysler Abläufe analysiert und optimiert hatten. Erste Erkenntnis: Das Bankgeschäft ist höchst komplex. Zweite Erkenntnis: Durch eine Anpassung und effizientere Aufteilung der Arbeit lässt sich die Produktivität der Mitarbeiter um 30 Prozent steigern.

Mittlerweile hat die Citibank in Deutschland eine unschlagbare Kostenquote und lagert viele Prozesse aus. So werden grenzüberschreitende Überweisungen heute in Dublin verbucht – der weltweite Citibank-Verbund kann hier seine Stärken voll ausspielen. Die Neudefinition der Arbeitsteilung und der Wertschöpfungstiefe, wie in der Automobilindustrie längst vollzogen, sind das Vorbild.

Eine Bank wie ein Coffeeshop: Umpqua Bank in Oregon

Bleiben wir noch für einen Augenblick beim Thema Banken. Die Finanzinstitute sind nicht nur dabei, von der Automobilindustrie zu lernen, sondern auch von einer Branche, die sich auf den ersten Blick so gar nicht als Inspirationsquelle aufdrängt: von Coffeeshop-Ketten wie Starbucks. Insbesondere in den USA hat man hier in erheblichem Maße Ideen übernommen, denn man hatte dort ein Problem, das auch zunehmend in Europa akut wird: Die Banken müssen ihre Kunden wieder stärker an sich binden. Also setzten einige Finanzinstitute alles daran, ein nachhaltiges Kundenerlebnis zu schaffen: Weniger High-Tech, mehr Personality. So gestaltet die Umpqua Bank aus dem amerikanischen Bundesstaat Oregon ihre Filialen bewusst so, dass sie zum Verweilen einladen – und gewann damit sogar den sehr prestigeträchtigen Designpreis „IDEA Award", der als der Oscar im Industriedesign gilt. Wie kann Design bei einer Dienstleistung ein nachhaltiges Kundenerlebnis schaffen? Indem die neu gestalteten Filialen mehr an ein modernes Bürgerhaus erinnern als an ein steif-seriöses Finanzinstitut. Umpqua hat zunächst einmal erkannt, dass den Kunden viel an Lebensqualität liegt und daran, in welchem Umfang ihre Bank sie bei der Verbesserung derselben unterstützen kann. Umpqua lädt daher seine Kunden in den Filialen zum Verweilen ein. In aller Ruhe kann Kaffee getrunken werden, in einer Umgebung, die mehr einer Kaffeebar als einer traditionellen Bank gleicht. Dazu gibt es Computerstationen mit Internetzugang, ein Postcenter, eine Bibliothek mit Büchern, Zeitungen und Zeitschriften rund um Finanzthemen. Und natürlich erweiterte Öffnungszeiten an Werktagen, inklusive Samstag. Die Bank hat verstanden, dass Bankgeschäfte entweder ein lästiges Übel sind, das man schnell online hinter sich bringt – oder aber eine Lifestyle-Entscheidung. Und Umpqua bemüht sich mit Erfolg, den Gang zur Bank zu einer solchen Lifestyle-Entscheidung zu machen.

Abbildung 2: Umpqua Bank: Eine Lifestyle-Bank, die Kunden gerne besuchen

Eine Bank als Life Supporter: Washington Mutual

Ähnlich geht Washington Mutual vor, eine der erfolgreichsten Privatkundenbanken in den USA. Binnen zehn Jahren hat das Unternehmen die Zahl seiner Filialen von 250 auf 2.500 verzehnfacht, jedes Jahr sollen weitere 250 Filialen hinzukommen. Auch hier steht eine „Non-Banking"-Strategie im Mittelpunkt. Washington Mutual spricht von sich als einer „Empathie-getriebenen Service-Bank für den ganz normalen Kunden". Die Mitarbeiter sollen den Kunden als „Life Supporter" zur Verfügung stehen und mit ihnen über ihre Bedürfnisse sprechen – beispielsweise über die Ausbildungsversicherung für die Kinder. Jeder Kundenkontakt wird zum Gespräch genutzt. Das Ergebnis ist eine überdurchschnittliche Cross-Selling-Rate und eine hohe Kundenbindung.

Technologie hingegen dient bei Washington Mutual nicht dazu, Kundenkontakte zu minimieren und den Self-Service-Gedanken zu forcieren, sondern zur Unterstützung der Mitarbeiter. Zudem gibt es in den Washington-Mutual-Filialen auch Bücher und Software. Seminare sollen den Kunden Finanzthemen näher bringen. Insgesamt setzt man auf emotionale Bindung – das Ergebnis gibt den Bankern Recht. Aber nicht nur das Thema „emotionale Bindung der Kunden" wird in Zukunft eine immer stärkere Bedeutung gewinnen. Auch die Technologie spielt eine ganz wesentliche Rolle: Dies erfährt jede Organisation in jeder Branche als schmerzliche Tatsache: Kunden sind nicht mehr Gefangene der Produktionspläne, des Produkt- und Promotions-Mixes und der Öffnungszeiten. Kunden können heute aus einer unendlichen Vielzahl von Produkten und Anbietern aus aller Welt wählen und über das Internet ihren Wissensvorsprung und ihre Vorteile ausbauen. Die Kunden von morgen werden noch informierter und noch offensiver sein.

Neue Chance für alte Maschinen: GoIndustry

Ein Unternehmen, das genau auf diesen wichtigen Aspekt der Technologie im Zusammenhang mit einer klugen Querdenk-Strategie setzt, ist die Münchner Firma GoIndustry. Grundsätzlich ging es um die Frage: Was machen Fabriken mit ihren alten Maschinen, die sie nicht mehr länger benötigen? Was passiert mit den Maschinenparks von Unternehmen, die in Konkurs gegangen sind? Dabei handelt es sich um keinen kleinen Markt: Experten schätzen den Markt für gebrauchte Wirtschaftsgüter auf ein Volumen von 44 Milliarden Euro pro Jahr. Traditionellerweise werden die Geschäfte in Form von Verkäufen oder Präsenzauktionen vor Ort abgewickelt. GoIndustry hat durch den Blick über den Tellerrand – Vorbild war eBay – ein ganz neues Geschäftsfeld erschlossen: Man hat das Prinzip der Internetauktionen übernommen und es erfolgreich auf das Gebiet der Industrieauktionen übertragen. Die Internetauktionen bringen für die Anbieter wichtige Vorteile: Da der Kreis der Interessenten im Internet naturgemäß größer als bei einer Präsenzauktion ist, können häufig bessere Erlöse erzielt werden. Zudem sparen die Interessenten Zeit und Spesen, da sie nicht extra anreisen müssen.

Um ein solches Geschäft professionell abzuwickeln, ist natürlich auch entsprechendes Know-how erforderlich. GoIndustry hat sich dieses Wissen renommierter Auktionshäuser einverleibt, indem es in Traditionsunternehmen wie Henry Bucher (Großbritannien), Michael Fox (USA) und Herbert Karner (Deutschland/Österreich) investierte. Das Online-Know-how brachte man selbst mit.

Hinter GoIndustry steht mit Herbert Willmy ein erfahrener Manager, der jahrzehntelang in der deutschen „Old Economy" Erfahrung sammeln konnte. Das Geschäft floriert vor allem durch die Verknüpfung von Technologie und klassischem Auktionsgeschäft. Dabei funktioniert nichts ohne Mitarbeiter vor Ort: Das Unternehmen hat rund 260 Mitarbeiter in 16 Ländern und kann durch seine umfassende Präsenz und seine gute Kundenkartei Interessenten in mehr als 30 Ländern gezielt ansprechen.

Wachsen wie McDonalds: Rechtsanwälte auf Expansionskurs

Gewagte Schritte mit dem Ziel, als Erster mit außergewöhnlichen Ideen und einzigartigen Serviceangeboten auf dem Markt aufzutreten, erzeugen jene Energie, die Sie brauchen, um sich zu differenzieren. Was wiederum zu der Kundentreue, den Spannen, den Umsätzen und dem Marktanteil führt, die Sie erreichen möchten. Wenn Sie nach Einzigartigkeit streben, können Sie auch Geschäftsmodelle nutzen, die in anderen Branchen schon lange gut funktionieren, und sich damit in Ihrer Branche zum Branchenprimus aufschwingen: Was können also zum Beispiel Juristen in Bezug auf ihr Geschäftsmodell von McDonalds und Co. lernen? Nun gut, sie könnten sich diversifizieren, indem sie neben den üblichen juristischen Dienstleistungen auch noch Doppel-Whopper mit Käse anbieten. Aber das ist nicht das, was wir im Sinn haben. McDonalds und Co. sind Beispiele für äußerst erfolgreiche Franchisesysteme, und zwar weltweit. Für Juristen ist das Konzept „Franchise" vor allem deshalb interessant, weil die Eröffnung einer eigenen Kanzlei immer teurer wird und die Branche bei dem Thema Marketing noch immer starke Einschränkungen hat – Letzteres gilt vor allem außerhalb der USA.

Legitas, eine Kooperation unabhängiger Rechtsanwaltskanzleien aus Hamburg, nimmt eine Entwicklung vorweg, die in anderen Ländern bereits große Erfolge feiert: Rechtsanwaltskanzleien, die nach dem Vorbild von Franchisesystemen von einem gemeinsamen Markenauftritt profitieren, rechtlich aber selbstständig bleiben.

Noch einen Schritt weiter geht Janolaw aus dem hessischen Sulzbach: In den kommenden Jahren will Janolaw mehr als 120 so genannte „Anwaltsstores" in deutschen Innenstädten eröffnen. Janolaw will nicht nur durch Präsenz punkten, sondern auch durch günstige Preise: So soll die Erstberatung pauschal 49,90 Euro kosten, während die Gebührenordnung für Rechtsanwälte bis zu 180 Euro erlaubt. Auch die Stundensätze sollen sich mit 75 Euro im unteren Preissegment bewegen – etablierte Kanzleien verlangen dafür häufig mehrere Hundert Euro. Ob die Rechtsanwalts-Discounter Erfolg haben werden, bleibt abzuwarten. Dass sie diese traditionsverhaftete Branche mit neuen Ideen schon wachgerüttelt haben, steht dagegen jetzt schon fest.

Alles easy – oder was?

Erster werden Sie nicht durch übervorsichtige Entscheidungen und höfliche Antworten. Sie werden auf diese Position auch nicht gelangen, wenn Sie so genannten Branchenexperten nach dem Mund reden oder auf Binsenweisheiten setzen, die meist nur kurzlebige Modeerscheinungen widerspiegeln. Viele Manager greifen jedoch nur allzu bereitwillig jedes neue Werkzeug der Managementliteratur auf und glauben, damit über eine echte Strategie zu verfügen, um eine Spitzenposition in der eigenen Branche zu erreichen. Ein gewaltiger Irrtum!

Hoch hinaus zu kommen erfordert Mut zum Risiko und ein wagemutiges, ungewöhnliches Vorgehen. Stelios Haji-Ioannou ist so eine Persönlichkeit, die im Geschäftsleben sehr erfolgreich ist – weil sie gegen den Strom schwimmt. Der Sohn eines griechischen Reeders lieh sich 1995 fünf Millionen Pfund vom Vater, heute kennt ihn ganz Großbritannien als Stelios, den Chef der easyGroup. Angefangen hat alles mit der Gründung des Billigfliegers easyJet. Günstige Flugpreise, Buchung über das Internet, auf ein Minimum reduzierter Service – so das Konzept. 1998 wurde dann die easyGroup gegründet und das grundlegende Konzept mittlerweile auf zahlreiche Branchen übertragen:

✳ easyCar vermietet Pkws in Großbritannien ab drei Pfund pro Tag.

✳ easyHotel bietet Übernachtungen in London ab fünf britische Pfund (!) pro Nacht.

✳ easyCinema bietet Kinokarten über das Internet zu Discountpreisen an.

✳ easyBus hat sich Überland-Busreisen in Großbritannien verschrieben: Tickets ab einem Pfund, zu buchen über das Internet.

✳ Und zukünftig soll easyTelecom den Telekommunikations- und Mobilfunkmarkt in Großbritannien nach dem gleichen Motto aufrollen.

Die Kernfrage aller Unternehmungen der easyGroup lautet: Wie können wir die Kosten extrem niedrig halten und gleichzeitig die Auslastung bzw. Nachfrage dramatisch steigern? Diesen Spagat meistert die easyGroup in allen Geschäftszweigen: Neben den bereits erwähnten Kinos, der Airline, der Autovermietung, den Festnetz-

Abbildung 3: Dagobert Duck wäre entzückt: easyCruise, die Kreuzfahrt ohne Luxus

und Handydiensten und dem Busunternehmen gehören so unterschiedliche Angebote wie Internetcafés, Kreuzfahrten, Hotels, Kreditkarten und ein Pizza-Heimlieferservice zum Angebot der easyGroup – und der Expansionshunger scheint ungebrochen.

Können Hotels von Billigfliegern lernen?

Das Interessante an diesem Vorgehen: Keinen seiner Märkte hat Stelios Haji-Ioannou neu erfunden; doch er tritt überall mit einem Geschäftsmodell an, das nur er so konsequent auf diesen Märkten betreibt. Dieses Geschäftsmodell ist so alt wie simpel: Er verkauft teuer, was alle haben wollen, und billig, was weniger begehrt ist. Erstaunlich ist also weniger die Idee als der Umstand, dass anscheinend niemand sonst sie gehabt hat. Das liegt, nach Einschätzung des easyGroup-Gründers, an der Widersinnigkeit herkömmlicher Geschäftspraktiken.

Genau dort setzt auch die spanische NH Hotels Group an, die von der Branche der Billigairlines gelernt hat. Das Preissystem wird derzeit nach dem Vorbild der Billigflieger-Angebote umgestellt – wenn auch in adaptierter Form. In den Münchner Häusern der Kette verkauft NH Hotels nach dem Prinzip „Je früher gebucht, desto günstiger der Preis".

Die Idee: Die Zimmer sind in unterschiedliche Tarifklassen eingeteilt. Die ersten Zimmer werden in der billigsten Tarifklasse verkauft. Ist dieses Kontingent ausgebucht, erhöht sich der Preis in sechs Stufen von 29 Euro auf bis zu 177 Euro pro Übernachtung ohne Frühstück. Die Hotelzimmer aus dem Spartarif werden im Voraus mit der Kreditkarte gebucht. Sie sind nicht stornierbar, können aber für zehn Euro umgebucht werden. Das Ergebnis nach einem ersten Probelauf: In den Testhotels ist der Durchschnittspreis pro Übernachtung nicht gesunken; ganz im Gegenteil: sie sind besser ausgelastet und erzielten höhere Umsätze.

Diese Beispiele zeigen auch, dass Unternehmen, in denen Business-Querdenker zuhause sind, nicht davor zurückschrecken, Veralterungen bei sich selbst zu entdecken. Sie wissen, wenn sie es nicht selbst tun, tut es jemand anderes.

Sehen wir uns nun eine „Branche" an, die ungemein mit dem Problem der Veralterung zu kämpfen hat – oder anders ausgedrückt: Vielen ihrer Kunden erscheint das Angebot einfach nicht mehr zeitgemäß:

Kommt der Berg nicht zum Propheten ... kommt das Beichtmobil zu dir!

Banken und Lebensmittelmärkte haben es vorexerziert: „Wenn die Kunden nicht zu uns kommen, kommen wir eben zu ihnen." Wie das funktioniert? Man stellt die Bank oder den Lebensmittelladen auf vier Räder und fährt zum Kunden.

Die Kunden kommen kaum noch in die Kirche – und schon gar nicht zur Beichte. Damit das wieder anders wird, hat sich das katholische Hilfswerk „Kirche in Not" zu einer ungewöhnlichen Maßnahme entschlossen. Unter dem Motto „Beichten leicht gemacht" schickt sie das „Beichtmobil" auf den Weg, einen umgebauten VW-Campingbus, mit dem Priester auf „Beicht-Tournee" gehen.

Das „Beichtmobil" fährt unter der Schirmherrschaft des Bischofs von Eichstätt, Dr. Walter Mixa, und steht Pfarreien und geistlichen Gemeinschaften kostenlos zur Verfügung. Es soll bei Großveranstaltungen wie dem Weltjugendtag, aber auch ohne besonderen Anlass, auf öffentlichen Plätzen den Menschen Gelegenheit

Abbildung 4: Drive-In-Absolution per Beichtmobil

geben, mit einem Priester zu sprechen, seelsorgerischen Rat einzuholen und, wenn gewünscht, zu beichten.

Business-Querdenk-Box:
Ausgetretene Pfade zu verlassen ist lohnender als andere Unternehmen zu kopieren.

Die Beispiele in diesem Kapitel zeigen: Wir alle tendieren dazu, Problemlösungen an Stellen zu suchen, die uns vertraut sind. Das ist normal. Wir bewegen uns vorzugsweise auf dem Terrain, das wir gut kennen und auf dem wir uns wohl fühlen. Wir glauben, dass wir nur tief genug graben müssen, um die Antworten zu finden, die wir brauchen. Allerdings dürfen wir uns dann auch nicht wundern, wenn wir trotz angestrengten Buddelns noch immer auf den Durchbruch warten.

Die Lösung: Sehen Sie sich woanders um und verbinden Sie Neues mit Vertrautem! Suchen Sie gezielt in vollkommen fremden Branchen nach Ideen, Inspiration und Anregungen für neue Leistungsangebote!

Denken Sie an den Deutschen Zoll, der kräftig vom Onlineauktionshaus eBay gelernt hat, oder an die Umpqua Bank, die sich stark an der Leitidee eines Coffeeshops orientiert hat. Man will keine Bank im herkömmlichen Sinne, sondern ein „Third Place" sein, ein „Dritter Ort" zwischen Arbeitsplatz und heimischem Wohnzimmer.
Oder denken Sie an die katholische Kirche – auch die hat sich in anderen Branchen nach Inspiration umgesehen: genauer gesagt bei mobilen Banken und Lebensmittelläden. Das Ergebnis: Man hat den Beichtstuhl auf vier Räder gestellt und lässt diesen nun auf „Beicht-Tournee" gehen.

Tote Mitte: Verlassen Sie
mittlere Marktsegmente – schnell

Viele Unternehmen haben es sich recht gemütlich in der Mitte eingerichtet. Auf die Frage nach den Zielgruppen bekommt man Beschreibungen wie „den gesamten Markt" zu hören, dessen Bedürfnisse man gern zufrieden stellen möchte. Frei nach dem Motto „für jeden ein bisschen".

Doch in der Mitte, dem „grauen Durchschnitt", wird es eng. Es fehlt dort an Luft zum Atmen. Oder anders ausgedrückt: an der Aufmerksamkeit der Kunden, an Wahrnehmung. Die Topografie: immer mehr Konkurrenz, sinkende Margen und kaum Qualitätsunterschiede zwischen den Angeboten, die mit immer denselben Botschaften locken.

Die Mitte stirbt, sie verschwindet. Und mit ihr das Mittelmäßige, denn die Kunden orientieren sich immer häufiger jenseits der Mitte. Bei der zweiten Business-Querdenk-Regel geht es also ohne Umschweife ums Überleben.

 Business-Querdenk-Regel 2:
Tote Mitte: Verlassen Sie mittlere Marktsegmente – schnell!

Konventionelles Denken: Sie sprechen mit Ihren Angeboten eine möglichst breite Basis an: nicht zu teuer, nicht zu billig und für möglichst viele Kunden interessant.

Business-Querdenken: Verlassen Sie die tote Mitte. Bekennen Sie Farbe, beziehen Sie Position und nutzen Sie die polaren Marktsegmente (Premiumangebote, Discountangebote), denn dort lässt sich noch Geld verdienen.

Immer schneller polarisieren sich insbesondere die Konsumgütermärkte: Discount- und Luxussektoren wachsen überdurchschnittlich, während alles, was in der Mitte liegt, verliert. Dieser Trend ist vorrangig in vielen Konsumgüterbranchen zu beobachten. Und dabei heißt die Devise nicht immer „billig".

Von der Kunst des rechtzeitigen Loslassens

Doch obwohl vielen Unternehmen diese Entwicklung nicht verborgen geblieben ist, bleiben Erkenntnis und Handeln immer noch zwei verschiedene Paar Schuhe. Warum? Nun, wie hoch ist die Wahrscheinlichkeit, dass sich ein Unternehmen von einem bestehenden – wenn auch nur unterdurchschnittlich erfolgreichen – Geschäftsbereich verabschiedet, ohne dass es nicht einige überzeugende Alternativen im Blick hat? Dabei dürfen Sie ruhig einmal Ihr eigenes Verhalten auf den Prüfstand stellen: Wann haben Sie sich das letzte Mal an ein vertrautes Verhalten oder eine vertraute Situation geklammert – wohl wissend, dass es möglicherweise eine viel bessere Alternative geben würde?

Es ist ganz einfach: Sie müssen ein paar wirklich überzeugende Chancen vor Augen haben, damit Sie das, was Sie gerade umklammern, auch loslassen. Aber es ist nicht immer einfach, diese Chancen auszumachen. Nehmen wir als Beispiel eine Bäckerei, die – so nehmen wir einfach mal an – Sie führen. Natürlich haben Sie schon erkannt, dass Ihre Kunden immer mehr auf den Preis achten. Andererseits stellen Sie aber auch verwirrt fest, dass ebendiese Kunden bereit sind, für ein Glas Latte Macchiato und ein italienisches Mandelhörnchen sechs Euro zu bezahlen – und das ohne mit der Wimper zu zucken. Was machen Sie? Sie versuchen beide Enden zufrieden zu stellen: Sie drehen an der Preisschraube, indem Sie beim Personal sparen oder indem Sie noch günstigere Zutaten einkaufen. Gleichzeitig richten Sie einen kleinen „Coffee Corner" ein, wo Sie Latte Macchiato und andere Kaffeespezialitäten anbieten. Sie vollführen also einen ebenso anstrengenden wie auch schwierigen Spagat „zwischen beiden Welten".

Doch Business-Querdenker ticken anders: Sie erziehen sich dazu, die Dinge anders zu betrachten, anders zu sein und dabei eine klare Position zu beziehen.

In der Mitte wird die Luft immer dünner: Handeln Sie!

Business-Querdenken ist mehr als nur ein Perspektivenwechsel – es hat auch eine Menge mit Mut zu tun. Mut, eine klare Position zu beziehen und eben nicht „für jeden ein bisschen" im Angebot zu haben. Entweder Selbstbedienungsbäckerei, die frische Brötchen zu Discountpreisen anbietet, oder Premiumbäckerei, die Vollwertiges zu einem Vielfachen des Preises offeriert. Denn eines ist klar: Die alteingesessene Bäckerei im mittleren Marksegment kann bestenfalls gerade so mithalten – und das auch nur mit enormem Kraftaufwand.

Die Notwendigkeit, eine klare Position zu beziehen, sehen Sie in vielen Branchen: Der graue Durchschnitt hat es immer schwerer, in der Gunst der Kunden zu bestehen. Sehen Sie sich um: Im Friseurbereich erobern Billigketten mit günstigen Preisen die Kunden, während das Hairstyling im oberen Preissegment ebenfalls seine Position ausgebaut hat („Weil ich es mir wert bin."). Doch in der Mitte wird die Luft immer dünner. Die Billigairlines haben sich einen bemerkenswerten Marktanteil erobert. Leute, die früher mit dem Bus durch Europa unterwegs waren, nehmen heute mal schnell den Flieger. Und nicht nur notorische Sparer machen das! Im Gegenteil: Schön, dass man das Flugticket für 49 Euro ergattert hat; so kann das gesparte Geld beim Einkaufsbummel in Mailand gleich in ein neues Prada-Täschchen investiert werden ...

Egal, wie es der Wirtschaft geht: Luxus boomt

Bleiben wir noch für einen Augenblick beim Fliegen: Neben dem deutlich wachsenden Anteil der Billigflieger zeigt sich am anderen Ende des Spektrums auch eine interessante Entwicklung: Echter Luxus wie Privatflugzeuge für Manager findet ebenso seine wachsende Zahl von Kunden. Und das trotz anhaltend schlechter Stimmung in der Wirtschaft. Die US-Branchenberatung Teal Group sieht in dem Aufschwung für die Privatflugbranche sogar den Beginn eines dauerhaften Booms – weit über den aktuellen Aufschwung der Weltkonjunktur hinaus. Eine Expertenprognose sagt voraus, dass im kommenden Jahrzehnt etwa 6.500 Businessjets im Gesamtwert von rund 92 Milliarden Dollar verkauft werden. Und in der Mitte? Da kämpfen Airlines wie Alitalia und Swiss ums Überleben.

Kaffeemaschinen für die neue Mitte

Brühen Sie Ihren Morgenkaffee mit einem Filterkaffeeautomaten? Sorry, aber dann sind Sie furchtbar out. Heute sind Espressovollautomaten angesagt, deren Anschaffungspreis in der Höhe eines einwöchigen Italienurlaubs liegt! Die Umsätze in diesem Segment haben sich seit 1996 mehr als verfünffacht. Manche Hersteller haben den Trend früh erkannt – oder haben sie den Trend gar erst ins Leben gerufen?

Hochpreisige Luxusgeräte wie beispielsweise die Impressa S9 Avantgarde, die rund 1.400 Euro kostet, gehören zu den meistverkauften Modellen des Schweizer Premiumherstellers Jura. Eine einfache Kaffeemaschine bekommen Sie bei Aldi schon für 15 Euro. Sie könnten sich also für den Preis einer Impressa S9 fast 100 Kaffeemaschinen kaufen. Oder Kaffeevorrat für mehrere Jahre. Oder Sie könnten 450-mal Latte Macchiato in der aktuell angesagten Bar trinken ...

Aber – und das ist das Entscheidende – die Impressa S9 konkurriert mit all dem gar

Abbildung 5: Die Impressa S9 Avantgarde: Aus einer Kaffeemaschine wird ein Statussymbol

nicht. Schon gar nicht lässt sie sich auf das Niveau des gemeinen Filterautomaten herab. Vielmehr verkörpert sie den Inbegriff der Espressokultur, verspricht den optimalen Mahlgrad und reiche Crema – und verschafft Ihnen im Bekanntenkreis das authentische Barista-Image. Echter Kaffeegenuss ist also mehr als das, was die Tasse hergibt! Jura, aber auch andere Hersteller von High-End-Kaffeemaschinen, verkaufen daher weniger ein Gerät, mit dem sich Kaffee herstellen lässt, als vielmehr Lebensgefühl und Image. Bleibt noch anzumerken, dass sich rund um die Espressokultur ein interessanter Markt für Zubehör aufgetan hat: Tassen, Gläser, Milchschäumer, um nur einige der unentbehrlichen Teile zu erwähnen. Ganze Industrien profitieren von diesem Lifestyle-Trend im Hochpreissegment.

Prognose: Entwicklung von Marktanteilen

Marktanteile 1980

Billigprodukte:	24%
Mittleres Marktsegment:	49%
Teure Spitzenprodukte:	27%

Marktanteile 2010

Billigprodukte:	40–45%
Mittleres Marktsegment:	10–20%
Teure Spitzenprodukte:	40–45%

Quelle: Studie des B.A.T. Freizeit-Forschungs-Instituts, 2001

Der Schweizer Premiumhersteller Jura ist nur *ein* Beispiel, das stellvertretend für eine ganze Reihe außergewöhnlicher Unternehmen steht, die sehr erfolgreich im Markt agieren. Die Liste ließe sich beliebig verlängern, die Quintessenz wäre immer dieselbe: Würde Jura nur die Bedürfnisse seiner Kunden nach einem warmen, koffeinhaltigen Getränk decken, dann würde man vermutlich noch heute mit großem Elan preiswerte Filterkaffeeautomaten herstellen. Was Jura auszeichnet: Man hat Bedürfnisse geschaffen, von denen die Kunden noch gar nicht wussten, dass sie solche haben. Oder hätten Sie sich vor zehn Jahren träumen lassen, dass Sie sich ernsthaft überlegen würden, 1.400 Euro für ein Gerät auszugeben, das Kaffee kocht? Jura erfüllt mehr als den Wunsch, guten Kaffee zu genießen – und dieses Mehr ist es, warum Unternehmen wie Jura Treuewerte und Wachstumsraten erreichen, von denen viele nur träumen können.

Wo viel Mitte, da viel Potenzial!

Der Schlüssel zum Business-Querdenken und zum damit verbundenen Wettbewerbsvorsprung liegt aber nicht nur im Wecken von Bedürfnissen, sondern auch darin, als Erster mit einem neuen, außergewöhnlichen, bahnbrechenden Produkt, Service oder Businessplan auf den Markt zu kommen. Und dafür sind Märkte, in denen der „graue Durchschnitt" regiert, ein idealer Nährboden. Die Bäckereibranche ist ein gutes Beispiel: Der Pionier der Selbstbedienungsbäcker, der BackWerk-Gründer Robert Kirmaier aus Monheim, eröffnete in Düsseldorf die erste Selbstbedienungsbäckerei. Der große Erfolg der Discountbäckereien zeigt, dass er mit diesem Angebot genau richtig lag. Man könnte auch sagen, dass er der sich abzeichnenden Polarisierung des Marktes einen kräftigen Schub verliehen hat: BackWerk und viele Nachahmerangebote bedienen heute den preissensitiven Kunden. Das Sortiment ist hier konkurrenzlos billig. Es gibt keine Bedienung, kein Fachpersonal, keine Bera-

Abbildung 6: BackWerk backt keine kleinen Brötchen!

tung. Dafür wird laufend frisch gebacken. Discountbäckereien sind erfolgreich: Was zählt, sind Preis, Frische und Zeitgewinn durch Selbstbedienung.

Doch das bedeutet nicht, dass alle Kunden so denken. Die Kundengruppe, die für Supervitalbrötchen, 24 Korn mit Vitalitätsformel, bis zu 1,50 Euro das Stück bezahlt, ist ebenso auf dem Markt präsent. Öko- und Wellnessprodukte machen aus der einfachen Bäckerei ein exklusives Erlebnis; Spezialangebote für Allergiker sprechen spezielle Zielgruppen an. Brot mit klingendem Namen sticht buchstäblich aus der Mitte heraus und darf auch etwas kosten.

Oder sehen wir uns kurz den Automobilsektor an: DaimlerChrysler hat mit dem Maybach eine Luxuslimousine der Rolls-Royce-Klasse auf den Markt gebracht – und mit der richtigen Präsentation und auf die Zielgruppe zugeschnittenen Verkaufsmethoden erfolgreich positioniert. Weil jedes Auto ein Einzelstück werden soll, steht ein speziell geschultes Team von „Personal Liaison Managern" bereit, die die illustre Kundschaft bei der Konfektionierung ihres Maybach-Unikats beraten. Das Holzfurnier des Humidors, die Positionierung des Fernsehbildschirms oder gar die Verschönerung des Armaturenbretts mit Brillanten – der Ausgestaltung einer Maybach-Karosse sind kaum Grenzen gesetzt. Premiummarken anderer Automobilhersteller hatten allerdings längst nicht diesen Erfolg. Einer der Gründe: Die Zielgruppe für solche Luxusgüter ist relativ klein – und wer zuerst kommt, mahlt zuerst! Zeitgleich mit der Präsentation des Luxusautos schafft es DaimlerChrysler ebenso wie BMW, das Produktportfolio durch Einstiegsmodelle so von der Mitte weg zu erweitern, dass das Image des Mercedes- bzw. BMW-Fahrers auch für neue Zielgruppen erschwinglich wurde: Markterweiterung und Imagetransfer „nach unten": So war der „1er" die größte Produktoffensive in der Geschichte von BMW – die Münchner stießen damit in die Golf-Klasse vor.

Premium für die Masse: Häagen-Dazs & Co.

Eine andere Strategie steckt hinter den Erfolgen der Coffeeshop-Kette Starbucks und des Premiumeis-Herstellers Häagen-Dazs: Hier wird zwar die Masse der Kunden angesprochen, zugleich aber ein Premiumprodukt – im einen Fall Kaffee, im anderen Eiscreme – versprochen. Kein Transfer, sondern ein neues Angebot für einen Massenmarkt. Und damit die Möglichkeit, eine branchenunübliche Gewinnmarge durchzusetzen.

Beide Unternehmen überlassen das Bedienen der preislichen Mitte und des Billig-
sektors ganz bewusst anderen Anbietern. Diese haben allerdings ein Problem: die
Standards, die Starbucks und Häagen-Dazs zum Beispiel in der Produktpräsentation
setzen, müssen sie nachahmen, um überhaupt noch interessant für ihre Kunden zu
sein. Diese problematische Entwicklung lässt sich sehr gut an der Gestaltung un-
zähliger Me-too-Konzepte im Bereich der Coffeeshops und der Verpackung und Na-
mensgebung von Speiseeis ablesen.

Problematisch wird es, wenn Unternehmen sich nicht entscheiden können. Zwar
gibt es Beispiele, bei denen erfolgreich sowohl ein Billig- als auch ein Premiumangebot vertrieben werden. Dann aber muss die Differenzierung für den Kunden
transparent sein – und die Produkte müssen sich wesentlich unterscheiden. Besonders im Lebensmittelbereich ist es üblich, dass Markenproduzenten unter strik-
ter Geheimhaltung auch für die Handelsmarken von Aldi und Lidl abfüllen. Werden
solche Kooperationen bekannt, kann die Premiummarke aufgrund des Preis-, aber
eben oft nicht wahrnehmbaren Qualitätsunterschiedes zum Discountangebot
Schaden nehmen. Diskretion ist also Pflicht, damit die Käufer des Markenartikels
sich nicht vor den Kopf gestoßen fühlen.

Lagerfeld für H & M: Kampf um einen echten Karl

Haute Couture meets Hamsterkäufer: Hunderte stürmten im Herbst 2004 die Geschäfte von H & M (Hennes & Mauritz), um ein Stück Designermode von Karl Lagerfeld zu ergattern. Hektisch wurde gegrabscht wie beim Verkauf von Notebooks bei
Aldi, und das oft ohne Ansicht der Ware. Was war passiert? „Karl der Große" hatte
mal wieder für Aufsehen gesorgt: In 500 der weltweit 1.000 Geschäfte des schwedischen Unternehmens H & M wurden rund 30 Teile – 20 für Frauen und 10 für Männer – der von Lagerfeld exklusiv entworfenen Kollektion verkauft. Streng limitiert sei
„Lagerfeld für H & M", betonte man bei der schwedischen Textilkette immer wieder.
Wie gering die Stückzahl tatsächlich war, wurde allerdings klugerweise nicht verraten. Das Ergebnis: Hype, Hysterie und ein echter Kaufrausch bei den Kunden. Nach
nur zwei Handelstagen waren nur noch vereinzelt Teile der Kollektion in den Filialen
zu finden. Dafür konnte man sie bei eBay ersteigern – mit sattem Preisaufschlag.
Tatsächlich revolutioniert ja die Zusammenarbeit des Stardesigners mit der für ihre
Kopien bekannten Textilkette die Modebranche – ein bisschen jedenfalls. Im Inter-

Abbildung 7: Kaiser Karls billige Kleider: Karl Lagerfeld und H & M machen gemeinsame Sache

view mit der Welt am Sonntag stellte Lagerfeld klar, dass dieser Schritt für ihn nur folgerichtig sei: „Man darf die ‚Masse' nicht verachten und muss Vorschläge machen, die zu einer neuen Idee von Klasse helfen können. [...] Heute gibt es nur noch zwei Wörter: Erschwinglich und unerschwinglich. Modisch müssen beide sein. [...] Ich spiele mit den Kontrasten. Für Chanel entwerfe ich Haute Couture, davon ist meine H & M-Kollektion nicht betroffen. Das zwingt mich, mir auf dem Gebiet des Teuren noch mehr Mühe zu geben und die Qualität höher zu halten. Ich sehe beides als Herausforderung."

Lagerfeld ist sich durchaus dessen bewusst, dass es um einen Imagetransfer für H & M geht. Man will von der „Marke" Lagerfeld profitieren und verfolgt die Strategie, immer ein wenig anders und ein wenig besser zu sein als die Konkurrenz.

Vorsprung durch Einmaligkeit: The winner takes it all!

Und genau das ist der Weg: Machen Sie etwas Neues, etwas, das anders ist als das, was die Konkurrenz schon tut. Führen Sie Innovationen ein, die Ihnen, wenn auch nur für kurze Zeit, den Wettbewerbsvorsprung der Einmaligkeit geben.

Leider herrscht in vielen Unternehmen die unausgesprochene Überzeugung, dass es besser sei, ein schneller Nachahmer zu sein, als selbst den Wettbewerbsvorsprung durch Einmaligkeit anzustreben. Diese Überzeugung beruht auf der grundsätzlichen Annahme, die Pionierrolle sei hochgradig riskant. Doch stimmt das tatsächlich so? Ist es tatsächlich sicherer, der Nachzügler zu sein statt der Erste, der etwas Neues und Anderes in den Markt einführt? Natürlich ist dieser „First-Mover-Schritt" mit finanziellem Risiko verbunden – doch es geht darum, knappe Ressourcen kreativ einzusetzen und die damit verbundenen Risiken auf ein Mindestmaß zu reduzieren. Genau das ist die Herausforderung und der richtige Weg, um innovativ zu sein und trotzdem das potenzielle finanzielle Risiko so gering wie möglich zu halten.

Doch worin besteht dieser Vorsprung durch Einmaligkeit? War es früher ausreichend, ein Produkt mit ein paar Extras auszustatten, so funktioniert das heute nicht mehr. Warum? Weil diese Extras nach wenigen Tagen von Ihren Wettbewerbern kopiert werden. Nehmen Sie als Beispiel die Autoindustrie: Es gibt keine schlechten Autos mehr, weil sie alle gut sind! Egal, welchen Automobilhersteller Sie betrachten, ob Toyota, Renault oder Volkswagen, alle sind im Besitz des kompletten Wissens über die verfügbare Technologie. Sie alle haben große Forschungs- und Entwicklungsabteilungen, die mit nichts anderem beschäftigt sind, als die vorhandenen Technologien noch weiter zu verbessern und neue Technologien, neue Werkstoffe und noch ausgereiftere Prozesse zu entwickeln. Und noch etwas: Sie alle kennen die Produkte der Konkurrenz in- und auswendig. Sie nehmen die Autos der anderen auseinander und kehren das Unterste zuoberst. Das heißt, die Unterscheidungsmerkmale für die Automobilindustrie müssen aus anderen Bereichen kommen. Im neuen Wettbewerb geht es nicht mehr um den stärkeren Motor oder den geringeren CW-Wert, es geht um Design, Garantieleistungen, Kundendienst, das Image und die Menschen! Und es geht darum, aus der grauen Mitte herauszutreten, etwas zu tun, was die Konkurrenz von Ihnen nicht erwartet.

Vom Nobody zum Perfect Body: Bruno Banani

Etwas tun, was andere nicht erwarten – das ist das Credo der Bruno Banani Underwear GmbH aus dem sächsischen Chemnitz. „Wir machen immer etwas, womit keiner rechnet", sagt Wolfgang Jassner, der Gründer des Unternehmens. Mit dem Werbeslogan „Not for everybody", „Nicht für jeden", bringt Bruno Banani jeden Monat eine neue Unterhose in die Fachgeschäfte. Die Auflagen sind limitiert und sorgen für ein künstlich knappes Angebot. Damit sind sie begehrte Sammlerobjekte für Banani-Fans geworden.

Abbildung 8: Bruno Banani: Unterwäsche als Lifestyle-Produkt

Bis Bruno Banani kam, waren Unterhosen nicht besonders „spannend". Doch die Wäschemarke hat es geschafft, einen regelrechten Kult auszulösen – auch durch ungewöhnliche Promotionmaßnahmen. So hat Bruno-Banani-Unterwäsche Reißfestigkeit und Passform schon im Weltall, in Kernforschungsanlagen und in der Tiefsee bewiesen.

Die Erfolgsgeschichte von Bruno Banani zeigt noch etwas: Der Weg aus der toten Mitte, weg vom grauen Durchschnitt, muss nicht notwendigerweise über den Preis erfolgen. Bruno Banani geht einen anderen Weg: Seine Positionierung jenseits der Masse realisiert der Wäscherhersteller über ein bewusstes Anderssein. Damit hat Bruno Banani in Deutschland eine Marktlücke erobert. Zwar konnte die Herrenwelt neben funktionalen Unterwäschekollektionen stets auch teure Ware von Designern wie Calvin Klein kaufen. Praktisch aber fehlte das Angebot zwischen funktionalem Feinripp und Designerwäsche. Und genau in dieses Feld stieß das sächsische Textilunternehmen vor. Die Idee: Designerunterwäsche zu einem erschwinglichen Preis anzubieten. Statt langweiligen Billig-Unterhosen-Einerlei aus Fernost einen begehrten Modeartikel aus heimischer Produktion zu schaffen. Das Tüpfelchen auf dem I: Der Name Bruno Banani ist ein genialer Einfall der Marketingagentur Plenum Stoll & Fischbach.

Für die Macher entscheidend: Bruno Banani Underwear darf nicht zur Massenware verkommen. Mittlerweile macht das Unternehmen mit dieser Strategie etwa 40 Millionen Euro Jahresumsatz. Und hatte man zunächst nur die Männer als Kunden im Blickfeld, so sind zwischenzeitlich auch die Damen mit Erfolg ins Visier genommen worden.

Vertriebskonzepte neu denken:
Die süßen Wege von Häagen-Dazs

Die „Demokratisierung des Luxus": ein anderer sehr interessanter Weg, um aus der grauen Mitte auszubrechen. Das Unternehmen Häagen-Dazs hat es in Deutschland seit der Markteinführung 1987 geschickt verstanden, das eigene Eis als Premiummarke zu etablieren. Und das neben Qualität auch durch ein durchdachtes Vertriebskonzept: Zwar gibt es das Eis auch in ausgesuchten Supermärkten, man hat sich aber vor allem bei Hauszustelldiensten und in Tankstellenshops einen direkten Zugang zum Kunden gesichert. Hier ist die Konkurrenz durch das eingeschränkte Sortiment wesentlich geringer.

Neben diesen Distributionskanälen gibt es in Deutschland, Österreich und der Schweiz auch Häagen-Dazs Cafés, betrieben von Franchisenehmern. So wird die Marke immer wieder als Premiumangebot in die Köpfe der Verbraucher gebracht. Die Zahl der Häagen-Dazs Cafés soll sich in den nächsten Jahren mehr als verdreifachen. – Das Konzept geht auf: Gegen den Branchentrend wächst Häagen-Dazs seit Jahren zweistellig.

Fordern Sie die bestehende Ordnung heraus!

Die Unternehmen, die wir in diesem Kapitel beschreiben und die das Prinzip, die tote Mitte zu verlassen, so clever umgesetzt haben, zeichnen sich durch eine wichtige Gemeinsamkeit aus: Sie alle haben bestehende Paradigmen gebrochen – und zwar bevor irgendjemand anders dies getan hat. **Business-Querdenker fordern die bestehende Ordnung heraus und verändern sie, anstatt den Status quo zu schützen.**

Und noch eine weitere interessante Erkenntnis steht dahinter: Jede Strategie ist
befristet. Der Schlüssel für Führungspersonen und Organisationen liegt darin, Flexibilität, Anpassungsfähigkeit, ständiges Lernen, Risikobereitschaft, kreatives Denken
und persönliche Verantwortung zu fördern, um aus den Kräften, die uns umgeben,
Kapital zu schlagen, und nicht bequem bei dem zu bleiben, was uns vertraut ist. Die
nächsten beiden Beispiele zeigen eindrucksvoll, dass das auch für etablierte Unternehmen möglich ist – und dass aus Bieder auch Kult werden kann!

Birkenstock: Vom Öko-Treter zum Mode-Renner

In den 70er- und 80er-Jahren waren Birkenstock-Sandalen, für Männer und Frauen
gleich, das anti-modische Erkennungszeichen der Zurück-zur-Natur-Bewegung. Sie
galten als Standardfußbekleidung von Atomkraftgegnern, Friedensbewegten und
ökologisch orientierten Waldorfschul-Pädagogen. Egal, wie bequem die Öko-Lat-
schen auch sein mochten – man traute sich damit nicht einmal bis zum Mülleimer.
Von Eleganz keine Spur, selbst schmale Füße sehen darin bemerkenswert breit aus;
ab Größe 40 kann man problemlos Lagerfeuer austreten. Die Latschen waren einfach nicht hip.

**Abbildung 9: Birkenstock: Heidi Klum zeigt, dass auch Tieffußbettsandalen sexy
sein können**

Doch Birkenstock schaffte es, das Image umzudrehen – und plötzlich ist gesunde
Fußbekleidung von Birkenstock ein Kultobjekt, und das rund um den Globus.
Was ist passiert? Das Unternehmen hatte begriffen: Gesundheit und Design miteinander zu verknüpfen ist die Lösung. Anfang der 90er machten zwei Designer
(Marc Jacobs und Randolph Duke) die klohigen Klassiker zum Abendschuh (mit glit-
zernden Strassschnallen) und damit salonfähig. Als weitere Botschafter für das
neue Image der Gesundheitslatschen konnten das Supermodel Heidi Klum wie
auch Schauspieler Til Schweiger gewonnen werden.
Die neue Positionierung hat funktioniert: In Amerika laufen alle Stars in den Be-
quemschuhen aus Deutschland herum, auch abends und in Gesellschaft. Schließlich sorgen die Fersenschale und das patentierte Fußbett aus Kork, Jute und Natur-
kautschuk, das den natürlichen Konturen des Fußes folgt, für gute Durchblutung
und engen die Zehen nicht ein. Das kann natürlich auf endlos langen Stehpartys
ein unschlagbarer Vorteil sein! In London gibt es Wartelisten für die „Tieffußbett-
sandale" und Schlangen vor dem Geschäft im In-Viertel Covent Garden. Selbst
Mode-Maniac Victoria Beckham soll eine Stunde artig gewartet haben für ein Paar
mit hellblauen Riemen und weißer Schnalle. Das ist kein PR-Gag – das passiert
wirklich.

Jägermeister: Mit dem Hubertus-Hirsch in die Szenebars

Die Flasche mit dem Hirschen auf dem Etikett gab es schon in den 30er-Jahren. Beliebt als Verdauungsschnaps sprach das Produkt in der Vergangenheit vor allem die
Über-50-Jährigen an. Aber das war den Strategen der Firma aus dem niedersächsi-
schen Wolfenbüttel nicht genug.
1973 überredete man den Bundesligaverein Eintracht Braunschweig, den Vereins-
löwen auf den Spielertrikots gegen den Hubertus-Hirsch zu tauschen und das
Jägermeister-Orange als Trikotfarbe zu wählen. Damit war man der Vorreiter für
die heute überall übliche Trikotwerbung – und hatte auch gleich einen Prozess mit
dem DFB auszufechten ...
Und heute versteht es Jägermeister wieder sehr geschickt, den Kräuterschnaps im
Gespräch zu halten und neue, junge Zielgruppen auf den Geschmack zu bringen:
Jägermeister trinkt man in Szenebars aus dem Reagenzglas, als Longdrink mit frisch
gepresstem Orangensaft oder auch pur auf Eis. Etwa 1.000 „Jägerettes" durchstrei-

fen auf ihren Promotiontouren Bars und Clubs. Und zwar nicht nur in Deutschland, sondern vor allem in den USA. Der Hirsch überwindet Grenzen, und das nicht nur geografisch.

Wie sich das Unternehmen immer wieder erneuert und verjüngt, zeigt auch die Werbung. Den beiden Werbe-Hirschen Rudi und Ralph wurde ein Facelifting verordnet: Sie mutierten von plüschigen Stofffiguren zu frechen Computeranimationen. Die Website präsentiert sich trendig-flashig und im Onlineshop gibt es Saunatücher und Stringtangas in frechem Design.

Für das Familienunternehmen war klar: Umsatzzuwächse gibt es nur, wenn man die tote Mitte verlässt. Dabei konzentriert man sich auf eine einzige Marke – und auf ungewöhnliche Events. Jägermeister gibt etwa 19 Prozent des Nettoumsatzes für Werbung und Marketing aus und setzt dabei auf eine große Nähe zu Handel und Gastronomie. 70 Prozent davon schlucken die Jägerettes, deren nächste „Auftrittstermine" jeweils im Internet nachzulesen sind. Gearbeitet wird vor allem *gegen* Standards ... immer neue Ideen, immer neue Kooperationen. Jägermeister weiß: wer

Abbildung 10: Wenn die Jägerettes kommen: Deutscher Kräuterschnaps wird zum Kultobjekt

sich auf seinem Erfolg ausruhen will, hat schon verloren. Deshalb achtet das Unternehmen auch sorgsam darauf, den Kräuterschnaps nicht zum Mainstream-Getränk werden zu lassen. Und passt sich an: Im Stadtteil Castro in San Francisco, der von vielen Homosexuellen bewohnt wird, gehen statt Jägerettes szenegerechte „Jäger Dudes" auf Tour – von Berührungsängsten keine Spur!

Das Radar einschalten und den Konkurrenzbegriff ausdehnen

Egal, ob Sie Hersteller von Kräuterschnaps, Schrauben oder Unterwäsche sind: Wenn Sie sich ausschließlich darauf beschränken, Ihre engsten Wettbewerber im angestammten Markt zu beobachten und deren Handlungen zu analysieren, bleiben Sie blind gegenüber den Möglichkeiten radikaler, neuer Geschäftsideen und gegenüber dem Handeln nichttraditioneller Konkurrenten – die nur allzu gern bereit sind, aus Ihrer temporären Blindheit Kapital zu schlagen. Die Plattenindustrie ist hierfür ein Beispiel, wenn auch ein negatives: Die Konzentration der Konkurrenzanalyse auf Stärken, Schwächen und Managemententscheidungen der anderen Plattenfirmen hat dazu geführt, dass sie so gehandelt haben, als wäre ihr traditionelles Geschäftsmodell unantastbar.

Doch die drastischen Umsatzrückgänge sprechen eine andere Sprache. Und heutzutage ist sogar die Identifizierung eines Konkurrenten für die Musikindustrie problematisch. Sind Handys oder Computerspiele und andere Spaßgüter Konkurrenzprodukte? Das würde allerdings nahe legen, dass sich das Zielpublikum der Plattenfirmen nicht geändert hat: Es sind weiterhin in erster Linie Kinder und Jugendliche. Der größte Konkurrent und Feind bleibt folgerichtig das Internet mit seinen Tauschbörsen und Download-Dschungeln. In den USA hat die Musikbranche rund 600 Nutzer von Tauschbörsen verklagt, in Deutschland will man dem Beispiel folgen. Doch wird die Prozesslawine die Probleme der Musikindustrie aus der Welt schaffen? Wir glauben nicht! Denn es ändert nichts an der Tatsache, dass man sich in der Musikbranche – und nicht nur dort – dringend neue Ideen für innovative Angebote einfallen lassen und sich darüber klar werden muss, wie man den Markt neu erfinden kann.

Business-Querdenk-Box:

Während alles immer besser wird, wird alles auch immer gleicher.

Paul Goldberger, Architekturkritiker der New York Times

Verlassen Sie die tote Mitte! Bekennen Sie Farbe, beziehen Sie Position und nutzen Sie die polaren Marktsegmente (Premiumangebote, Discountangebote), denn dort lässt sich noch Geld verdienen. Durchleuchten Sie Ihr Leistungsangebot gründlich und konsequent: Wo steht Ihr Angebot? Punkten Sie mit Discount-Qualitäten oder sprechen Sie die preisliche und qualitative Mitte an? Eine Positionierungsanalyse ist unerlässlich, um Klarheit darüber zu gewinnen, wo und wofür Sie stehen.

Nicht die Kopie eines Angebots, sondern die Variation oder das komplett Andere bzw. Bessere schaffen Profil.

Denken Sie an Discountbäcker wie BackWerk, die sich clever vom grauen Einerlei der üblichen Bäckereien abheben: durch unschlagbar günstige Preise. Oder denken Sie an den Wäschehersteller Bruno Banani, der sich pfiffig zwischen dem Segment der Feinrippunterwäsche auf der einen und den teuren Designerdessous auf der anderen Seite positioniert. Und das mit einer interessanten Strategie: Designunterwäsche zu erschwinglichen Preisen mit eingebautem Coolness-Faktor: *not for everybody*, so das Motto in der Werbung und in der strategischen Ausrichtung.

Leichtes Gepäck: Weg mit dem Speck

Unternehmen, die Business-Querdenken konsequent umsetzen, erliegen *nicht* der Versuchung, auf allen Hochzeiten zu tanzen! Sie haben einen klaren Fokus und konzentrieren sich auf einen oder einige Kernbereiche, in denen sie Weltklasse sind. Das ist so ziemlich das Gegenteil von dem, was wir gemeinhin unter dem Begriff Großkonzerne verstehen – in denen „Groß" nicht nur für das Umsatzvolumen steht, sondern auch für weit verzweigte Geschäftsaktivitäten: Man tummelt sich in verschiedenen Branchen und hofft auf die Synergieeffekte, die im Miteinander der verschiedenen Geschäftsbereiche entstehen sollen. Doch diese Strategie funktioniert nicht immer: Denken Sie in diesem Zusammenhang nur an den gescheiterten Traum des integrierten Technologiekonzerns, der von dem damaligen Daimler-Benz-Chef Edzard Reuter so vehement verfolgt und der nach dessen Abgang schleunigst beendet wurde. Oder denken Sie an Nokia, einen der Marktführer im Bereich Mobiltelefonie. Dessen rasanter Aufstieg wurde erst dadurch möglich, dass man sich von überflüssigem Gepäck rigoros trennte: Bis vor 20 Jahren stellte Nokia auch Papier, Gummistiefel, Traktorenreifen und Gartenschläuche her.
Business-Querdenker verfolgen einen anderen Weg: Big ist nicht gleich beautiful, sondern man konzentriert sich auf jene Geschäftszweige, in denen man global die Nase vorn hat.

Business-Querdenk-Regel 3:
Leichtes Gepäck: Weg mit dem Speck!

Konventionelles Denken: Sie versuchen möglichst viele Wertschöpfungsaktivitäten in Eigenregie durchzuführen.

Business-Querdenken: Fokussieren Sie auf die Tätigkeiten, in denen Sie wirklich Weltklasse sind, und lassen Sie den Rest von Lieferanten, Partnern – oder Ihren eigenen Kunden – erledigen!

Die Konzentration auf wenige Geschäftsbereiche reicht nicht aus: Jeder noch so unbedeutende Prozess und jeder Aktivität Ihres Unternehmens muss durchleuchtet werden und sich die Frage gefallen lassen: Sind wir darin wirklich Weltklasse? Wenn nicht, sollten Sie die Aktivität auslagern – an andere, die es besser können. Nehmen Sie Microsoft: Das Softwareunternehmen lässt seine Spielkonsole X-Box komplett extern bauen. So kann es sich voll auf seine Stärken konzentrieren und muss nicht zusätzlich umfangreiches Hardware-Know-how aufbauen. Wichtig ist allein, die *richtigen* Funktionen auszulagern – und einen kompetenten Partner zu finden.

Die Großen machen es vor

In der Automobilindustrie werden nur noch durchschnittlich 35 Prozent eines Neuwagens vom Hersteller selbst gefertigt, der Rest kommt von Zulieferern. Und der Anteil an Eigenfertigung soll in den nächsten zehn Jahren noch weiter sinken, auf bis zu 23 Prozent. Vom Outsourcing besonders betroffen sind Karosserie, Blech, Lackierung, Fahrwerk und Module, aber auch in anderen Bereichen nimmt der Einsatz externer Dienstleister zu.

Oder nehmen Sie Puma: Der Sportartikelanbieter konzentriert sich auf seine Kernkompetenzen: Entwicklung, Design und Marketing. Eine kleine Unternehmenszentrale mit wenigen Hierarchiestufen in Herzogenaurach steuert das Geschäft. Die Produktion und beinahe die gesamte weltweite Logistik erledigen Partnerunternehmen. Der Vertrieb ist an Tochterunternehmen ausgelagert. Durch Einsatz von Informations- und Kommunikationstechnologie werden die Kunden, Produzenten, Vertriebspartner und Lizenznehmer „zusammengebunden". So entsteht ein Netzwerk von selbstständigen Einheiten, die von außen als eine Einheit unter eigenem Markennamen erscheinen.

Einen ähnlichen Aufbau zeigen übrigens auch Adidas, Nike, Reebok und Benetton. Ist das Zufall? Wohl nicht! Diese Unternehmen haben das getan, was wir am Anfang dieses Kapitels mit dem Begriff „leichtes Gepäck" postuliert haben: Sie bewegen sich im turbulenten Feld des Wettbewerbs auf leichten Füßen und besitzen ein Höchstmaß an Flexibiliät. Alles überflüssige Gepäck wurde über Bord geworfen und die Unternehmen konzentrieren sich darauf, was sie wirklich gut können.

Unternehmen auf der Siegerstraße: Kernkompetenz erkennen

Mit dem Begriff „Kernkompetenz" ist keine bestimmte Einzelfähigkeit oder Einzeltechnologie gemeint, sondern ein Bündel von Fähigkeiten und Technologien, das einen überdurchschnittlichen Beitrag zu dem vom Kunden wahrgenommenen Wert leistet.

Was kann Ihr Unternehmen wirklich gut? Worin sind Sie besser als der Wettbewerb und haben Sie einen Wettbewerbsvorsprung aufgebaut, den Ihnen so schnell keiner nehmen kann?

Die Beantwortung dieser Fragen ist eine sehr interessante Übung. Und das aus zweierlei Gründen: Vielleicht ist Ihnen noch gar nicht richtig klar, in welchen Bereichen die Kernkompetenzen Ihrer Organisation liegen. Und zweitens könnte Ihnen bewusst werden, dass Ihre Stärken in ganz anderen Bereichen liegen, als Sie (und vielleicht Ihre Kunden, Mitarbeiter und Zulieferer) gedacht haben.

Nehmen Sie zum Beispiel den weltweit führenden Anbieter von Netzwerklösungen für das Internet, die Firma Cisco Systems. Ein Hightech-Unternehmen also, dessen Kernkompetenz – so würde man vermuten – im exzellenten Beherrschen spezifischer Internettechnologien liegt. Falsch gedacht!

 **Heutzutage kommen 50 Prozent unserer Produkte mit keiner Fabrik und keinem Mitarbeiter von Cisco mehr in Berührung. Es wird einfach auf wunderbare Weise von Lieferanten zusammengebaut und verschickt, und der Kunde weiß noch nicht einmal, dass wir es nie angefasst haben.** *Howard Charney, Senior Vice President Cisco*

Cisco sieht seine Kernkompetenz nicht im Technikbereich: „Wir haben uns von der Auffassung verabschiedet, dass unsere Kernkompetenz darin besteht, zwei Photonen zu haben, die dies oder jenes tun. Unsere Kernkompetenzen sind unsere Fähigkeiten, rasch zu handeln, Kundenbedürfnisse zu befriedigen, als Erste auf dem Markt zu sein und unsere Verteilungskanäle fremdfinanzieren zu lassen. Sobald diese Fähigkeiten vorhanden sind, kann ein großer Teil der Technologieentwicklung erfolgreich ausgelagert werden, genau wie wir einige zentrale Produktionsbereiche auslagern können" (Gary Hamel: Das revolutionäre Unternehmen).

Lean to the Extreme

Was ist die Kernkompetenz eines Fahrradherstellers? Der britische Fahrradhersteller Strida hat darauf seine Antwort gefunden: Kernkompetenz von Strida sind alle strategischen Geschäftsaspekte, also die Betreuung von Großkunden, das Marketing, die Produktentwicklung und das Ressourcen-Management. Nicht mehr – und auch nicht weniger. Dafür benötigt man nur zwei Mitarbeiter: den Inhaber und einen Bankier als Förderer.

Der Inhaber Steedman Bass erwarb das Design für ein Klapprad von einem Studenten. Das Rad besteht aus wenigen Teilen. Seine Besonderheit: Es ist in 15 Sekunden auseinander- und wieder zusammengeklappt. Die Produktion des Strida-Rades übernimmt die Ming Cycle Company, Taiwan. Sie beschafft die Einzelteile aus China und baut die Räder zusammen. Ein weiterer Outsourcing-Partner in Birmingham ist für direktes und indirektes Marketing, Logistikunterstützung, Großhandel, Distribution an den Handel und die Rechnungslegung zuständig.

Der Unternehmer kümmert sich um die strategischen Aufgaben: Großkunden, Marketing, Produktentwicklung und Ressourcen-Management. Damit ist bei Strida die

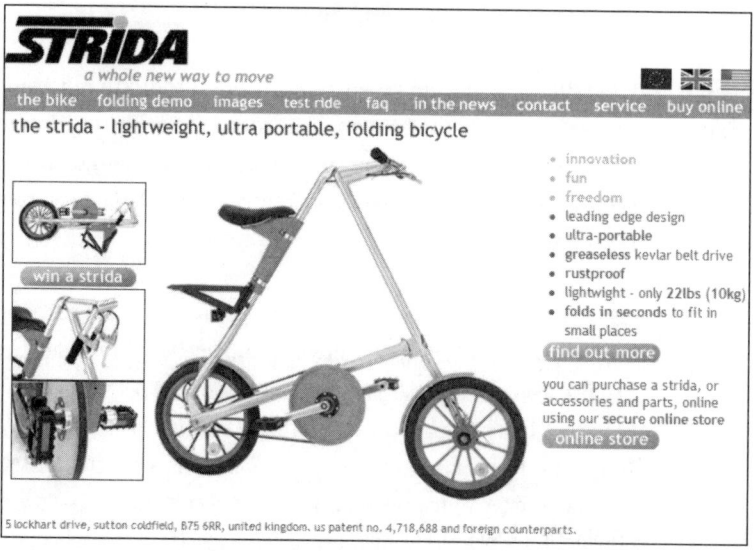

Abbildung 11: Das Klapprad von Strida: Nicht Tour-de-France-tauglich, aber irre praktisch

Idee vom virtuellen Unternehmen schon Realität. Die Organisation bildet sich aus Beziehungen in einem Netz, zu dem eine Vielzahl einzelner Einheiten gehört, die jeweils für sich unabhängig sind. Vor allem aber würde es das Strida-Rad ohne die virtuellen Strukturen gar nicht geben: Weil sich alle Beteiligten auf ihre Kernkompetenzen konzentrieren können, sind sie in Summe erfolgreich.

Das Design-Klapprad ist ein Erfolg: Es findet Anhänger unter Großstädtern, die nicht jeden Termin mit dem Auto erreichen können, aber auch unter Yacht- und Wohnmobilbesitzern, die noch einen kleinen fahrbaren Untersatz dabeihaben wollen. Und Strida macht heute über eine Million Euro Umsatz.

Ballastarme Managemententwicklung

Nicht ganz so schlank, aber dennoch clever arbeitet der Mainzer Glashersteller Schott. Das Unternehmen hat für sich definiert, dass die operative Umsetzung der Managemententwicklung nicht zu den eigenen Kernkompetenzen zählt. Damit hat man die Firma Kommunikations-Kolleg AG Beratung & Training beauftragt. Dieses Unternehmen kümmert sich mit seinen 22 fest angestellten und 200 freien Mitarbeitern weltweit um Personalentwicklung im Auftrag des Kunden.

Und so führt das Unternehmen verschiedene Schulungs- und Trainingsprogramme für Schott und andere Kunden in eigener Verantwortung durch. Schott wählt nur noch die Teilnehmer aus – und zahlt anschließend die Rechnung. Die Kommunikations-Kolleg AG kann ihre Kernkompetenzen ausspielen – besser als viele Personalabteilungen: Konzeption von betrieblicher Bildung, Trainereinkauf und -qualitätskontrolle, Projektmanagement, Einkauf von Tagungshotels, operative Abwicklung. Die Folge: Die Aufgabenlisten im Human Resources Management werden bei Unternehmen wie Schott eingedampft, weil der Dienstleister wesentliche Funktionen übernimmt. So wird der Personalmanager zum Strategen, kann konzeptionell arbeiten, den Lieferanten steuern und ernsthaftes Controlling betreiben, statt selbst an vielen Fronten zu kämpfen.

Kunden an die Arbeit!

Ein Unternehmen kann auf verschiedene Art und Weise Ballast abwerfen. Arbeitsgänge können an Zulieferer delegiert werden – aber das ist erst der Anfang. Unternehmen wie Strida oder Puma zeigen, dass die Verschlankung weit über diese Form der Delegation an Zulieferer hinausgehen kann, indem faktisch nur noch die strategischen Kernaufgaben im Unternehmen belassen werden. Und es gibt noch einen weiteren hochinteressanten Weg, schlanker zu werden: Ikea zeigt, wie es funktioniert: Der Möbeltransport, das Zusammenschrauben und der Aufbau der Möbel werden an den Kunden delegiert, dafür spart der Kunde Geld! – Auch die Banken haben dieses Prinzip für sich entdeckt: Internetbanking und Geldautomaten lassen die Kunden ihre Bankgeschäfte im Self-Service betreiben und lagern so Arbeitsgänge direkt an die Kunden aus.

Business-Querdenk-Box:

Fokussieren Sie auf die Tätigkeiten, in denen Sie wirklich Weltklasse sind, und lassen Sie den Rest von Lieferanten, Partnern oder Ihren eigenen Kunden erledigen!

Querdenker verfolgen nicht die Zielsetzung, möglichst die gesamte Wertschöpfungskette zu kontrollieren und viele Aktivitäten in Eigenregie durchzuführen. Es geht vielmehr darum, Vorgänge, die nicht unmittelbar zu den Kernkompetenzen zählen, auszulagern. Business-Querdenker produzieren nicht unbedingt eine vollständige Wertschöpfungskette, aber sie nehmen immer eine zentrale Position darin ein.

Denken Sie an den Sportartikelhersteller Puma; dort konzentriert man sich auf seine Kernkompetenzen: Entwicklung, Design und Marketing. Den Rest überlässt man Partnerunternehmen. Auch der britische Fahrradhersteller Strida verfolgt dieses Prinzip in Reinform: Man hat zwei Mitarbeiter – den Inhaber und einen Banker als Förderer –, den Rest erledigen Partner in Taiwan und Birmingham.

II. Different Thinking:
Märkte

Die stärksten und beständigsten Lösungen sind jene, die fortwährend zu neuen Produkten und neuen Märkten führen. Business-Querdenker wie CNN, Ikea, Body Shop, FedEX, Zara oder Dell Computer haben sich nicht einfach an den Markt angepasst. Genau das Gegenteil war der Fall: Sie führen den Markt an – sie haben ihn überhaupt erst erfunden: mit bahnbrechenden neuen Produkten, Serviceangeboten und Geschäftsmodellen. Sie wurden nicht vom Markt gelenkt, sie lenken den Markt. Sie haben nicht auf Kunden reagiert, sie befördern die Kunden in die Zukunft!

Accept no imitations – accept no limitations!

Wie sind diese Business-Querdenker vorgegangen? Zunächst einmal waren sie mutig. Sie haben erkannt, dass es heute risikoreicher ist, konventionell zu sein als unkonventionell. Und sie weisen weitere Gemeinsamkeiten auf: Diese Unternehmen haben sich *nicht* in erster Linie auf traditionelle Managementwerkzeuge wie strategische Planung, Marktforschung, Konkurrenzanalyse, Kundenbefragung verlassen, um an ihr Ziel zu gelangen. Dieses Vorgehen steht im krassen Widerspruch zum konventionellen Vorgehen vieler Unternehmen: Bevor diese etwas Neues wagen, werden zig Marktforschungsstudien in Auftrag gegeben, sie beobachten intensiv und fortlaufend, in welche Richtung die Konkurrenz sich bewegt. Und erst wenn sie sich absolut sicher sind, dass jedes potenzielle Risiko bedacht und sorgsam abgewogen wurde, dann – und nur dann – wagen sie den nächsten Schritt.

 **Die meisten Unternehmen benutzen Marktforschung wie ein Betrunkener eine Laterne – um sich abzustützen, statt ihren Weg zu erhellen.** *David Ogilvy, Gründer der Werbeagentur Ogilvy & Mather*

Nicht, dass wir uns missverstehen: Wir haben nichts gegen ein sorgsames Abwägen von Risiken. Wir sind auch der Meinung, dass Managementwerkzeuge wie strategische Planung, Konkurrenzbeobachtung und Marktforschung unbedingt eingesetzt werden sollten. Aber – und hier kommt das große Aber: Vergessen Sie nicht, den Ergebnissen, die diese Managementwerkzeuge liefern, eine gesunde Portion Skepsis entgegenzubringen. Warum? Dazu sollten wir noch einen Augenblick beim Vorgehen der konventionellen Unternehmen verweilen: Bei ihnen dreht sich traditionell die strategische Planung darum, aufbauend auf bestimmten Prämissen und Grundannahmen wichtige Entwicklungen am Markt vorherzusagen, den Einsatz und die Verteilung der Ressourcen zu planen und so eine Art Kompass für das Unternehmen in einer unsicheren Welt zu sein. Traditionelle Strategien – entwickelt anhand von Konkurrenzanalysen – beschäftigen sich damit, bestehende Konkurrenten und Leistungsangebote sorgsam im Auge zu behalten. Traditionelle Strategien – entwickelt anhand von Marktbeobachtungen – drehen sich darum, die bestehenden Vorlieben von Kunden zu verfolgen.

Von Kunden abgelehnt: Red Bull, Post-it und FedEx

So weit, so gut. Doch erzeugen diese Managementwerkzeuge nicht auch die Illusion von Sicherheit? Nehmen Sie die Marktforschung: Ja, wir verstehen, was der Kunde von morgen will, wir haben ihn doch gefragt! – Aber hat er uns auch tatsächlich die Wahrheit gesagt?

 **Der Kunde ist ein Rückspiegel, nicht ein Wegweiser in die Zukunft.**
George Colony, Forrester Research

Fest steht, dass es Kunden oft schwer fällt, heute ihre Bedürfnisse von morgen darzulegen. Das erkennt man daran, dass viele innovative Produkte und Konzepte zunächst von den Kunden abgelehnt wurden: Minivans von Chrysler, Post-it-Haftnotizen, Videorekorder, Faxgeräte, Red-Bull-Energydrinks, FedEx Overnight Delivery, der Nachrichtenkanal CNN ... und vieles andere mehr.

Hat uns die strategische Jahresplanung wirklich mit einem exakten Kompass für das kommende Geschäftsjahr ausgestattet? Oder ist es eher eine Illusion, die spätestens beim ersten Blick aus dem Bürofenster hinaus in die Realität zerstört wird? Haben wir durch die Konkurrenzbeobachtung tatsächlich den Wettbewerb „im Griff"? Vielleicht – vielleicht aber auch nicht. Denn: Täglich treten nie dagewesene Technologien und unberechenbare neue Konkurrenten am Markt auf, die sich außerhalb des Überwachungsgebietes unserer Konkurrenzbeobachtung bewegen.

Mutig statt mausgrau

Bill Gates hat es mal so ausgedrückt: „Da Zeit zum Wettbewerbsfaktor Nr. 1 geworden ist, muss man das Gras wachsen hören. Wer auf gesicherte Erkenntnisse wartet, kann allenfalls noch mit anderen Zauderern um die Krümel streiten." Wollen Sie Business-Querdenker sein, dann können Sie nicht sagen: „Moment mal, wir haben noch nicht alle 58 Marktforschungsstudien gründlich genug ausgewertet, um eine Entscheidung zu treffen." Die Beispiele der Unternehmen in diesem Kapitel zeigen, dass mutige Schritte notwendig sind, um Ihr Unternehmen voranzutreiben und die Konkurrenz zu überholen. Und diese Politik der mutigen Schritte steht im klaren Gegensatz zum übervorsichtigen Handeln der grauen Masse von Bedenkenträgern und Zauderern in so manchem Unternehmen. Also: Seien Sie mutig, wagen Sie es, anders zu sein, und: Handeln Sie schnell!
Bedenken Sie: Die Rücksichtnahme auf Traditionen, das übervorsichtige Abwägen von Für und Wider und das penible Sammeln und Auswerten aller nur erdenklichen Marktdaten kosten Zeit und Energie. All das hält Sie davon ab, die wirklich wichtigen Dinge voranzutreiben!

Out-of-the-Box:
Schaffen Sie vollkommen neue Märkte

Viele Manager konzentrieren sich im Tagesgeschäft auf bestehende Kunden und bestehende Leistungsangebote. Sie verwenden all ihre Kraft, um diesen Bereich zu optimieren und mit kleinen Verbesserungen dem Wettbewerb die berühmte Nasenlänge voraus zu sein. Doch das ist mühsam und gleicht allzu oft einem Lauf im Hamsterrad.

Das Problem ist, alle Wettbewerber tun genau das Gleiche. Und so buhlt die gesamte Branche um einen Markt, der häufig längst gesättigt ist. Brechen Sie aus! Clevere Unternehmen operieren nicht nur im Stammmarkt, sondern weichen ganz bewusst auf andere Wettbewerbsfelder aus. So entkommen sie dem direkten Kopf-an-Kopf-Wettbewerb.

Business-Querdenk-Regel 4:
Out-of-the-Box: Schaffen Sie vollkommen neue Märkte!

Konventionelles Denken: Sie fokussieren auf bestehende Kunden und versuchen, Ihr Angebot permanent zu optimieren. Haben wir schon immer so gemacht, kann also nicht falsch sein ...

Business-Querdenken: Entkommen Sie dem typischen Kopf-an-Kopf-Wettbewerb, indem Sie vollkommen neue Märkte schaffen. Dazu entwickeln Sie entweder Leistungsangebote, die in Ihrer Branche bis dato unüblich waren, oder Sie erobern vollkommen neue Kundensegmente.

Eines vorweg: Um neue Märkte zu schaffen, brauchen Sie Mut. Den Mut, unkonventionelle und unorthodoxe Dinge zu denken, und den Mut, möglicherweise alte Kunden, die Ihre neuen Schritte nicht mitgehen wollen, vor den Kopf zu stoßen.

Der französische Schriftsteller André Gide hat einmal treffend bemerkt: „Man ent-

deckt keine neuen Erdteile, ohne den Mut zu haben, alte Küsten aus den Augen zu verlieren."
Neue Märkte zu schaffen bedeutet auch im ersten Schritt, Ihr bestehendes Leistungsangebot einer radikalen Inspektion zu unterziehen und die branchenüblichen Kundengruppen in Frage zu stellen. Ein extremer Schritt vielleicht, doch genau dadurch sind auch extrem interessante Innovationen realisierbar. Entwickeln Sie gezielt *neue, branchenunübliche Leistungsangebote für neue Kundengruppen* und schaffen Sie *neue Märkte*.
Interessantes Querdenk-Potenzial steckt aber auch in dem Ansatz, für das bestehende Leistungsangebot eine ganz neue Kundengruppe zu suchen. Im Vergleich zu den Wettbewerbern verlagern Sie sozusagen das Spielfeld. Bei diesem cleveren strategischen Ansatz geht es nicht primär darum, andere Spieler aus dem Ring zu werfen. Business-Querdenker sind vielmehr daran interessiert, Spiele zu erfinden, die außerhalb des Rings gespielt werden. Das ist das Wesen von Business-Querdenken. Ohne die Fähigkeit, sich grundlegend Neues vorzustellen, das sich von dem, was heute in der eigenen Branche üblich ist, deutlich unterscheidet, wird ein Unternehmen nicht in der Lage sein, sich von konventionellem Branchendenken zu befreien. Genauso ist es möglich, *neue Leistungsangebote zu entwickeln* und das klassische Portfolio um Produkte oder Dienstleistungen zu ergänzen, die in der Branche unüblich sind und die die Kunden begeistern. Das heißt, hier bleiben Ihre Kunden gleich, aber Ihr Angebot wird innovativ und branchenunüblich. Wir zeigen Ihnen, wie das im Einzelnen sehr erfolgreich funktionieren kann.

Erfinden Sie sich neu, bevor Sie veralten!

Business-Querdenker sind darauf bedacht, Vorzeichen sich bereits vollziehender Veränderungen frühzeitig zu begreifen. Wer diese sich abzeichnenden Veränderungen nicht rechtzeitig bemerkt, wird unsanft von denen aus dem Schlaf gerissen, die aufgepasst haben.
Ziehen wir zur Illustration dieser Tatsache ein Unternehmen heran, das mit dem Problem konfrontiert war, dass seine Zielgruppe langsam aber sicher zu einer aussterbenden Spezies gehörte. Man kann darüber klagen und gemeinsam mit seinen Kunden hocherhobenen Hauptes dem nahenden Untergang entgegenschreiten – das wäre dann möglicherweise ein würdiger, wenngleich aber kein kluger Abgang.

Oder man kann sich selbst neu erfinden. Das Unternehmen, von dem hier die Rede sein soll, zeigt eindrucksvoll, dass man nicht davor zurückschrecken darf, Veralterungen bei sich selbst zu entdecken und frühzeitig darauf zu reagieren. Denn wenn Sie es nicht tun, dann tut es jemand anderes für Sie!

Das amerikanische Unternehmen Arm & Hammer konzentrierte sich viele Jahre auf die Herstellung von Backpulver als Treibmittel für Backwaren. Ein lukratives Geschäft, als das Unternehmen im Jahr 1846 gegründet wurde. Doch längst ist Backpulver zu einem Standardprodukt mit äußerst geringen Gewinnmargen geworden. Hinzu kommt, dass die typische amerikanische Hausfrau immer seltener selbst bäckt. Statt immer besseres oder immer billigeres Backpulver für eine immer kleiner werdende Zielgruppe zu entwickeln, besann man sich bei Arm & Hammer auf die Eigenschaften des Hauptprodukts: Was könnte Backpulver leisten, außer als Backhilfsmittel eingesetzt zu werden? Das Unternehmen identifizierte drei hochinteressante Produkteigenschaften:

Abbildung 12: Backpulver von Arm & Hammer: Vom Freund in der Küche zur Allzweck-Waffe

* Backpulver ist ein natürliches Reinigungsmittel.
* Backpulver wirkt als Geruchskiller.
* Backpulver ist hautfreundlich.

Backpulver absorbiert Gerüche und kann daher wunderbar als Geruchsvernichter für Kühlschränke, Wäschekörbe und Mülleimer genutzt werden. Darüber hinaus lässt sich Backpulver als mildes Reinigungsmittel für Arbeitsflächen und Spülbecken und sogar zum Zähneputzen benutzen. Da es leicht verdaulich und hautverträglich ist, kann das Backpulver auch als Antiazidum eingenommen, zur Beruhigung der Haut auf gereizte Stellen aufgetragen und als Mittel gegen müde Füße verwendet werden.

Auf der Basis dieser Überlegungen ging man ganz neue Wege und erschloss mit innovativen Reinigungs- und Pflegeprodukten auf Backpulverbasis neue Kundensegmente. Heute ist das Unternehmen einer der erfolgreichsten Anbieter von Zahnpasta, Duftmitteln, Deos sowie Reinigungs- und Pflegemitteln im amerikanischen Markt. Alle Produkte basieren auf dem Ursprungsprodukt Backpulver. Und Arm & Hammer kann sich auf dem neuen Markt erfolgreich von den Wettbewerbern differenzieren, denn die Produkte zeichnen sich durch ihre natürlichen Inhaltsstoffe aus. Natürlich hätten Arm & Hammer auch ein Tochterunternehmen für die neue Produktlinie gründen können. Aber der für den Backpulver-Hersteller eingeführte Name erhöht nur die Glaubwürdigkeit für das neue Angebot.

Betrachten Sie die Welt durch die Gleitsichtbrille!

Die Gleitsichtbrille vereint zwei fundamentale Vorteile: Sie können damit sowohl nah als auch in die Ferne sehen. Was das mit Ihnen als Business-Querdenker zu tun hat? Der Blick durch die Gleitsichtbrille erlaubt es dem Unternehmen, die Grenze zwischen Vergangenheit und Zukunft zu dehnen – gegenwärtige Geschäfte fortwährend zu verbessern und gleichzeitig in qualitative Veränderungen zu investieren, die für die Zukunft notwendig sind. Das Unternehmen, das wir nun vorstellen, verfolgt eine solche „Gleitsicht-Strategie". Es hat sein „Flagship"-Produkt, Bauklötzchen für Kinder, fortlaufend verbessert und gleichzeitig ganz neue Märkte der Zukunft erschlossen, indem es zwei innovative Services für ganz neue Zielgruppen anbietet: *Familien-Entertainment* und *Seminare für Manager*.

Das Unternehmen, von dem hier die Rede ist, ist der dänische Spielzeughersteller LEGO, Europas größter Produzent von Spielwaren und führend auf dem Weltmarkt für Konstruktionsspielzeug. Das 1932 gegründete Unternehmen stellte ursprünglich Holzspielzeug her. 1958 gelang dem Hersteller der eigentliche Durchbruch mit der Patentierung des LEGO-Spielbausteins und des entsprechenden Bausystems mit den bunten Plastiksteinen. Die Bausteine sind in eigenständige Produktprogramme aufgeteilt, die sich an Zielgruppen unterschiedlicher Altersstufen richten.

Spielend neue Märkte erschließen: LEGO Serious Play

Wie sieht nun LEGOs Gleitsicht-Strategie aus? LEGO hat auf die Angriffe von Konkurrenten wie Fisher Price oder Playmobil reagiert und das vorhandene Angebot immer weiter verbessert. So hat man beispielsweise das „Mindstorms Robotics Invention"-System eingeführt, mit dem Kinder ihren eigenen Roboter bauen können. Seit 1997 setzt die LEGO-Gruppe auch auf Computerspiele auf Lizenzbasis. Gleichzeitig war man bestrebt, nicht nur die Kinder, sondern die ganze Familie als Kunden zu gewinnen. Sie sehen hier, was Gleitsicht-Strategie bedeutet: Nicht nur die unmittelbare Zielgruppe – Kinder – im Blick zu haben, sondern weitere Kundengruppen – Familien – zu sondieren und damit neue Märkte zu erschließen. Das Unternehmen gründete 1968 seinen ersten Familienpark, LEGOLAND, eine der größten Touristenattraktionen in Dänemark außerhalb von Kopenhagen.

Und kürzlich setzte man zum nächsten Sprung an: Die Erschließung eines ganz neuen Marktes: LEGO für Manager. Für Manager? Das passt eigentlich nicht mit der Vorstellung zusammen, die man von Führungskräften hat. Die spielen nicht – oder doch? Zumindest erscheinen einige Vorstandsetagen höchst versiert in internen Ränkespielen, aber Spiele mit Plastikbausteinen? Doch auch das funktioniert: Es gibt spezielle Bausteine-Sets für Führungskräfte, die damit in die Lage versetzt werden sollen, auf spielerische Art unternehmerische Probleme zu identifizieren und neue Lösungen zu entwickeln.

LEGO Serious Play heißt das Konzept. Gespielt – pardon: geworkshopt – wird in der Gruppe und unter Anleitung eines speziell geschulten und von LEGO zertifizierten Trainers. Die Mitarbeiter sollen Unternehmens- und Kommunikationsstrukturen mit Hilfe von Bauklötzen visualisieren. Gleicht das Unternehmen eher einer Festung oder einem Rennwagen? Sitzt der Chef hoch zu Ross oder hinter verschlossener Tür im

Abbildung 13: LEGO Serious Play: Steinchen-Stunde für Manager

Eckbüro? Nachdem jeder Teilnehmer so die Charakteristika seiner Abteilung im Modell umgesetzt hat, beginnt das Zusammenbauen der Teilmodelle zu einer Einheit. Nach und nach entsteht ein komplexes Unternehmensmodell, das die Unternehmensstrukturen abbildet. Dabei werden Gemeinsamkeiten und Beziehungen sichtbar, aber auch Probleme. Oft zeigt sich, wo es im Unternehmensverbund hakt.

Der Erfolg gibt LEGO Recht. Zahlreiche Unternehmen lassen bereits mit LEGO spielen: Nokia ebenso wie Tetra Pak, Varta, Alcatel, Orange oder der IT-Systemintegrator Comparex.

Das Beispiel zeigt, wie ein Unternehmen durch kluges strategisches Vorgehen ganz neue Märkte erschließt und so sogar aus einem Kinderspielzeug ein Strategieinstrument für Manager entsteht:

Fazit: Wenn es einem Unternehmen gelingt, aus Bauklötzchen ein Strategiewerkzeug für Manager zu entwickeln, welche Ausreden haben Sie dann noch?

Schärfen Sie Ihre Sinne, hören Sie zu!

Business-Querdenker gehen mit wachen Sinnen durch die Welt: Sie schauen sich aufmerksam um und können zuhören – denn so erfahren sie von den wertvollen

Anregungen der Kunden, der Mitarbeiter und der Marktpartner. Und Business-Querdenker zeichnen sich durch eine weitere hervorstechende Eigenschaft aus: Sie experimentieren fortwährend und sie arbeiten laufend daran, ihre Produkte neu zu erfinden, indem sie sich fragen: „Was werden unsere Kunden kaufen?", „Wie können wir unser Geschäftsfeld erweitern?" und „Für wen können wir Produkte und Services liefern?" Das meinte auch Management-Guru Tom Peters, als er sagte:

Die meisten Unternehmer denken und denken und denken, planen und planen und planen. Zum „Just do it!" kommen sie viel zu selten. Wenn wir aber nicht ständig Neues probieren und ununterbrochen Vielfalt schaffen, werden wir nur eine sehr begrenzte Auswahl haben, um uns an diese sich rapide wandelnde Welt schnell genug anpassen zu können.

Konzentrieren Sie sich daher nicht nur auf *den Markt von heute,* sondern auch auf *den gesamten möglichen Markt von morgen.* Indem Sie sich über Konventionen hinwegsetzen und darauf bestehen, dass Ihre Kollegen und Mitarbeiter dasselbe tun, bereiten Sie als Business-Querdenker Ihr Unternehmen darauf vor, die Konkurrenz zu überflügeln.

Revival und Reanimierung: Barbie-Mode

Über Konventionen hinweggesetzt hat sich auch die Firma in unserem nächsten Beispiel: Auch dieses handelt von einem Spielzeughersteller, nämlich der Firma Mattel. Auch hier geht es darum, Erwachsene als neue Zielgruppe zu gewinnen. Und doch ist alles ganz anders: Wir sprechen nicht von Business-Relevanz und Unternehmen, sondern von den Hoffnungen und Sehnsüchten junger Mädchen, die mittlerweile zu Frauen herangewachsen sind – und die man nun als Käuferinnen reaktivieren möchte.
Es geht – wie könnte es anders sein – um Barbie. Über Jahrzehnte haben Millionen von Mädchen auf aller Welt Barbie geliebt, gekleidet und frisiert. Über Jahrzehnte hat sich der Hersteller Mattel immer neue Outfits ausgedacht: Vom Cocktailkleid über Bademoden bis hin zu Businessdress, Reitkleid und Ballrobe. Doch mittlerweile sind Millionen von Barbie-Fans längst im Erwachsenenalter – und geben ihr Geld

nicht mehr für Puppenkleider aus. Trotzdem wirkt Barbie und das damit verbundene Schönheitsideal nach.

Was liegt also näher, als eine Kollektion zu entwerfen, die dem Stil der Barbie-Mode aus den 70er-Jahren nachempfunden ist – nur diesmal nicht in Puppengröße, sondern für die modebewusste Kundin selbst?

Mittlerweile werden die Kollektionen in Japan in speziellen Läden mit großem Erfolg verkauft. Zukünftig will man die Barbie-Mode auch an anderen Standorten anbieten.

Interessant an diesem Beispiel: Der Konzern erschließt neue Märkte, indem er sich auf frühere Kunden rückbesinnt. Dabei musste Mattel den Schritt in die Modewelt der Erwachsenen sehr überlegt tun – entscheidend war nämlich, der Marke nicht zu schaden und sie nicht zu verwässern.

Neue Märkte schaffen in gesättigten Märkten

Der Strategie-Guru Gary Hamel sagte einmal: *Sie dürfen nie und nimmer glauben, dass Sie sich in einer stagnierenden Branche befinden. Es gibt keine stagnierenden Branchen, nur stagnierende Manager, die sich gedankenlos das zu Eigen machen, was andere für möglich halten.*

Wie sehr diese Aussage zutrifft, zeigt das Beispiel der KBL-Solarien AG, eines Sonnenbankherstellers aus Dernbach. Noch vor zehn Jahren haben bei Herstellern von Sonnenbänken vermutlich jeden Tag die Sektkorken geknallt: Sonnenstudios schossen wie Pilze aus dem Boden und man konnte die Nachfrage kaum befriedigen. Doch mittlerweile ist der Markt gesättigt. Neue Sonnenstudios entstehen kaum, bestehende sind ausgestattet und die Kernzielgruppe der Solariumgänger ist erschlossen.

KBL-Solarien wollte sich allerdings nicht mit sinkenden Renditen und Preiskämpfen mit den Wettbewerbern abfinden. Wenn der bisher bediente Markt gesättigt ist, muss eben ein neuer her!

Noch-Nicht-Kunden identifizieren

Marktanalysen zeigten, der typische Solariumsbesucher ist jung und preisbewusst. Gesundheitsrisiken sind für diese Zielgruppe eher zweitrangig. Etwa acht Millionen

Nutzer fallen in diese Zielgruppe – die als erschlossen galt. Wie aber sieht es mit dem Rest aus? Da gibt es potenzielle Kunden in höheren Altersgruppen, für die der Preis nicht so wichtig ist, die allerdings das Gesundheitsrisiko fürchten. Das Unternehmen sah ein enormes Potenzial: Die Marktforschung hatte ergeben, dass etwa 16 Millionen Menschen Solarien nutzen würden, gäbe es nicht das Bestrahlungsrisiko. Das entsprach dem doppelten Marktpotenzial der bisherigen Zielgruppe, die man auch weiterhin bedienen wollte. Aber das Beste: Die neue Zielgruppe war noch unbearbeitet – man konnte den Markt komplett neu aufrollen.

KBL beschloss, sich auf diese neue Zielgruppe zu konzentrieren. Basierend auf den Erkenntnissen der Marktforscher entwickelte man eine neue Sonnenbank, die den Bedürfnissen dieser Noch-Nicht-Kunden entsprach. *Kernidee:* Jeder Kunde erhält auf der Basis einer Beratung und passend zu Hauttyp, Alter und weiteren Faktoren eine speziell auf ihn zugeschnittene Chipkarte. Auf dieser „Sonnenkarte" sind neben der empfehlenswerten Strahlendosis auch die bisherigen Sonnenbankminuten verzeichnet. Besteht die Gefahr, die empfohlene Dosis zu überschreiten, warnt die Sonnenbank den Kunden automatisch. Zudem ging KBL daran, mit diesem Produkt auch neue Vertriebskonzepte zu nutzen. Wurden Sonnenbanken bislang nur an klassische Sonnenstudios verkauft, spricht man jetzt gezielt Wellnesshotels, Schönheitsfarmen und Kosmetikstudios an. In deren Portfolio passen die „Mega Sun"-Geräte aufgrund ihrer speziellen Eigenschaften hervorragend. KBL konnte durch die Erschließung des neuen Marktes sein Wachstum erfolgreich ankurbeln.

„The only limit is your imagination"

Mit dieser Aussage wirbt Epson für seine Tintenstrahldrucker. Aber genauso gilt diese Aussage für Business-Querdenker: Es gibt für sie keine Grenzen außer denjenigen, die sie sich selbst durch ihre Vorstellungskraft setzen. Und obwohl es heutzutage kaum noch etwas gibt, was *nicht* vorstellbar wäre, fällt uns allen die Befreiung aus den herkömmlichen Denkschablonen schwer.

Ein guter Startpunkt für die eigene Befreiung aus überkommenen Denkmustern ist es, das eigene Hinterteil zu erheben, aktiv nach neuen Erfahrungen zu suchen, sich an neue Orte zu begeben. Eine ganze Menge dessen, was sich verändert, können Sie nämlich nicht bequem von Ihrem Sitzplatz aus erkennen, denn der Blick ist Ihnen versperrt.

Muhammad Yunus ist so ein Mensch, der sich von seinem Sitzplatz erhoben hat und aktiv nach neuen Erfahrungen gesucht hat: „In den Dörfern verhungerten die Menschen, während ich an der Universität meine klugen Vorlesungen über wirtschaftliche Zusammenhänge hielt." Die Geschichte von Muhammad Yunus beginnt mit diesem Gedanken. Und mit einer Frau im ländlichen Bangladesh, die Bambusstühle herstellte – in Schuldknechtschaft für den Materiallieferanten. Um sich daraus freizukaufen und ihr Geschäft auf eigene Beine zu stellen, fehlten ihr 25 Cent. Yunus gab sie ihr.

Etwas später kam der Wirtschaftsprofessor mit seinen Studenten in das Dorf zurück, wo er 42 weiteren Frauen mit ähnlichen Problemen einen Start als Unternehmerin ermöglichte. Das Investitionsvolumen: ganze 27 Dollar. So entstand die Grameen Bank – ein Finanzinstitut, das sich zum Ziel gesetzt hat, mit Minikrediten für Frauen den Teufelskreis aus Wucherzinsen, Pfändung und Armut zu durchbrechen. Mittlerweile hat die Bank 2,4 Millionen Frauen in Bangladesh geholfen. Sie zahlen ihre Schulden und Zinsen diszipliniert zurück, denn sie wissen aus eigener Erfahrung, dass damit wieder anderen geholfen werden kann. „Kredit ist ein Menschenrecht", sagt Yunus über sein für die Frauen und die Kapitalgeber einträgliches Erfolgsmodell, das inzwischen in anderen Entwicklungsländern kopiert wird. Business-Querdenken at it's best!

Leidenschaft und der Wille zur Veränderung

Die Lektion ist klar. Wenn Sie sich mit dem Status quo zufrieden geben, wenn Sie glauben, Sie können nichts verändern, dann sollten Sie lieber gleich aufhören weiterzulesen! Business-Querdenker zeichnen sich dadurch aus, dass sie neue Wertschöpfungsstrategien entwickeln – und das geht nicht ohne Leidenschaft, ohne den unbedingten Willen, etwas verändern zu wollen. Es ist eben diese Leidenschaft, die Sie als Business-Querdenker brauchen, denn Neues wird nicht von Organisationen hervorgebracht, sondern von Menschen mit Hingabe. Oder glauben Sie, dass Mahatma Gandhi, Martin Luther King, Nelson Mandela oder Václav Havel ihre Ideen für die gesellschaftliche Veränderung ohne Leidenschaft hätten umsetzen können? Nun wollen wir die Aufgabe von Business-Querdenkern wahrlich nicht in die Nähe der Dimensionen der Aufgaben rücken, die diese Visionäre vollbracht haben. Dennoch taugt der Vergleich: Leidenschaftliches Engagement ist der Schlüssel zu jeder

Veränderung – und nichts anderes ist Business-Querdenken. Es ist das Bindeglied zwischen Wunsch und Erfüllung oder Ursache und Verwirklichung.

Clevere Ideen für neue Absatzmärkte entwickeln: The Cube, das Fun- und Sporthotel

Glück oder weise Voraussicht? Wie entstehen clevere Ideen für neue Märkte? Die Antwort: Sie sind immer das Produkt einer glücklichen Voraussicht. Denn eines ist klar: So sehr Sie sich auch anstrengen, Sie brauchen auch das gewisse Quäntchen Glück, um diesen neuen Markt zum richtigen Zeitpunkt zu erschließen. Aber die Wahrheit ist, Sie können Ihrem Glück auch etwas nachhelfen – mit dem richtigen Riecher. Tom Kelley, Chef von IDEO, einem führenden Design-Consulting-Unternehmen, das sich auf die Bereiche Produktentwicklung und Innovation spezialisiert hat: „Einen guten Riecher zu haben, bedeutet, sich der Vorgänge in der Umwelt bewusst zu sein, Trends rechtzeitig zu erkennen – und rasch handeln zu können. Wir können es uns nicht leisten, auf einen vollständigen Bericht zu warten oder aus der Zeitung oder im Internet von einer Neuerung zu erfahren."

Genau dieses Prinzip befolgt „The Cube". Das Erfolgskonzept von The Cube, einem innovativen Hotel in den Kärntner Bergen: das frühzeitige Erkennen von Trends und die bedingungslose Ausrichtung an den Bedürfnissen der Zielgruppe. The Cube steht für „Schlafen, Essen, Relaxen, Chillen, Abtanzen, Carven, Boarden, Tuben, Biken" – so die Eigenwerbung. Man hat damit eine neue Zielgruppe erschlossen, die bis dato nicht wirklich im Blickpunkt traditioneller Hotels stand: junge Urlauber unter 30, die Entertainment und intensive Sport- und Freizeiterlebnisse verlangen – und das bitteschön preiswert und ohne den spießigen Mief der Jugendherberge oder der Familienpension. Schon diese scharfe Fokussierung auf eine spezielle Zielgruppe unterscheidet The Cube von anderen Hotels in der Region.

The Cube positioniert sich selbst als das Fun- und Sporthotel auf dem Nassfeld in Kärnten. Das Hotel kann bis zu 646 Gäste aufnehmen, verteilt auf 2er-, 4er- und 8er-„Cubes". „Verteilt" ist dabei durchaus wörtlich zu nehmen: Man reserviert bei The Cube nicht ein Zimmer, sondern erfährt (reist man nicht zu zweit, zu viert oder zu acht an) erst vor Ort, mit wem man seinen „Cube" teilt.

Das Rahmenprogramm kann sich sehen lassen: The Cube wirbt mit 24 Stunden Entertainment und verspricht den Gästen ein Intensiverlebnis mit Indoor- und Out-

Abbildung 14: The Cube: Abtanzen, Chillen, Carven – und Schlafen

door-Aktivitäten rund um die Uhr. Dazu wurden das Hotel und die einzelnen Cubes speziell gestaltet: Statt Treppen gibt es „Gateways", die Gäste können ihre Sportgeräte mit aufs Zimmer nehmen, auf allen Etagen gibt es Chill-Out-Zonen, das Hotel bietet eine 24-Stunden-Bar, Playstations und Internet-Terminals, Sauna, Dampfbad und Eisgrotte sowie eine Après-Sports-Bar mit Sonnenterrasse.

Der problematische Trend in der Region: die meisten Hotels sind als Skihotels stark saisonabhängig. Nicht so The Cube. Es bietet das ganze Jahr hindurch neun Fun- & Trendsportarten. Skifahren im Winter, Tauchen im Pressegger See im Sommer, dazu Mountainbiking, Surfen und vieles mehr. Hinzu kommen Veranstaltungen im Cube Club, dem Herzstück der Indoor-Veranstaltungen. Hier reicht das Angebot von LAN-Partys über Gaming Contests bis hin zu Events mit DJs und Bands für bis zu 1.500 Partyhungrige. Die Macher planen bereits, das Konzept von The Cube an elf weiteren Standorten in Österreich und der Schweiz zu kopieren.

Der Schlüssel zum Wettbewerbsvorsprung: First Mover

Dieses Hotelkonzept ist ein Beispiel dafür, dass Querdenker weit darüber hinausgehen, lediglich die Bedürfnisse der Kunden zu decken. Das Bedürfnis, seinen müden Körper auf eine Matratze zu legen, wird auch in der Jugendherberge befriedigt.

Doch darum geht es hier nicht: The Cube zeigt, dass Querdenker oftmals *Bedürfnisse schaffen, von denen die Kunden gar nicht wussten, dass sie solche haben.* Das ist auch der Grund, warum diese Firmen Treuewerte und Wachstumsraten erreichen, von denen andere Unternehmen nur träumen können.

Auch unser nächstes Beispiel zeigt, dass der Schlüssel zum Wettbewerbsvorsprung nicht darin liegt, Kosten zu sparen, Produkteinführungszeiten zu verkürzen, Ressourcen zu optimieren oder die Kommunikation zu verbessern. All das sind die grundlegenden Hausaufgaben, aber damit ist es keinesfalls getan! Der wahre Schlüssel zum Wettbewerbsvorsprung liegt darin, als Erster mit einem neuen, außergewöhnlichen Produkt oder Service auf den Markt zu kommen. Das Unternehmen, das das macht, kann die Erwartungen der Kunden auf lange Zeit mengenmäßig bestimmen – und noch dazu eine satte Spanne herausschlagen. Der First Mover kann sich auch wertvoller Ressourcen und Partnerschaften bedienen, die für zukünftige Bemühungen von Vorteil sein können. Die Befunde sind eindeutig: Als Erster etwas auf den Mark zu bringen, und ein außergewöhnliches Produkt noch dazu, ist der beste Weg zum Erfolg.

Coolness-Faktor eingebaut: Stabilo Boss

Ein außergewöhnliches Produkt im Marktsegment Kugelschreiber, Filzstifte und Textmarker? Dieser Markt funktioniert doch nur noch über den Preis, und mittlerweile bekommen Sie die typische Ausstattung für Schule oder Büro selbst bei Aldi, Lidl oder Tchibo. Die Produkte sind zu Cent-Artikeln geworden, produziert wird in Fernost. Für einheimische Hersteller eine schwierige Situation, denn nur durch Qualität kann der Billigkonkurrenz nicht getrotzt werden.

Für Schwan-Stabilo, mit dem „Stabilo Boss" Weltmarktführer bei den Textmarkern, war klar, dass neue Strategien nötig wurden. Das Unternehmen mit Sitz in Heroldsberg war sich dessen bewusst, dass man eine gute Lösung brauchte – und zwar schnell.

Also besann man sich einer interessanten Zielgruppe, der 12- bis 29-Jährigen. Bei dieser Gruppe geht es nicht nur darum, dass das Schreibgerät seine Funktion erfüllt, also verlässlich Buchstaben und Zahlen aufs Papier bringt, hier geht es um Anderssein – mit eingebautem Coolness-Faktor.

Vor allem der Coolness-Faktor ist es, der eine erfolgreiche Marktdurchdringung möglich macht. Zwar war Schwan-Stabilo bislang ein eher traditionsbewusstes Unternehmen – immerhin gibt es das Familienunternehmen bereits seit 1855. Aber die Konkurrenz aus Fernost hatte nicht den direkten Zugang zu dieser Zielgruppe und würde sich intensive Trendforschung kaum leisten wollen.

Um moderne, coole Schreibgeräte für die neue Kernzielgruppe zu entwickeln, wird die Funktion durch Design- und Markenelemente angereichert. Dazu beschäftigt Schwan-Stabilo Trendscouts, die neue Entwicklungen aus der Zielgruppe melden. So entstand etwa ein Textmarker, der mit einem Tattoo bedruckt ist, oder der „s'move", der mit einer Basketballhülle daherkommt.

Ein 20-köpfiges Forscherteam tüftelt an den neuen Produkten. Gefragt sind neue ergonomische Formen, speziell gefederte Spitzen, schmierfreie Gel-Roller ... Schwan-Stabilo positioniert so sein Angebot gezielt als High-Tech-Produkte. Dabei kommt das Unternehmen mit immer neuen Innovationen auf den Markt, die vielleicht niemand wirklich braucht, die sich aber verkaufen, denn sie sind trendig, bunt

Abbildung 15: Schreibgeräte mit eingebautem Coolness-Faktor von Stabilo Boss: Ey, guggst du, Alter, voll krasser Griffel

und modern: So hat man mit dem „Mini"-Trend Textmarker auf Kleinformat ge-
schrumpft. Tintenfeinschreiber kommen in immer neuen Modefarben, abgestimmt
auf die Trends bei Kleidung und Kosmetik. Und der „Woody", in zwei Größen erhältlich, ist gar Farbstift, Wassermalfarbe und Wachsmalkreide in einem und besonders
bei Kindern sehr beliebt.
Zugleich bemühte man sich um einen Imagetransfer. Um sich in der Wahrnehmung
der jugendlichen Käufer besser zu platzieren, sponsert das Unternehmen Snow-
board- und Musik-Events. Auch Onlinemarketing und ein moderner, dynamischer
Internetauftritt gehören zur neuen Ausrichtung. Das Konzept geht auf: gegen
den Branchentrend wächst Stabilo. Während die Deutschen nach Angaben des In-
dustrieverbandes Papier, Bürobedarf und Schreibwaren immer weniger Geld für
Schreibprodukte ausgeben, konnte das Unternehmen seinen Umsatz steigern.

Geschäftsmodelle neu erfinden: Dell Computer

Wir haben vorhin gesagt, der wahre Schlüssel zum Wettbewerbsvorsprung liege
darin, als Erster mit einem neuen, außergewöhnlichen, bahnbrechenden Produkt
oder Service auf den Markt zu kommen. Aber es fehlte noch etwas: Den Wettbewerbsvorsprung können Sie sich auch dadurch erarbeiten, dass Sie als Erster
mit einem neuen und bahnbrechenden *Geschäftsmodell* auf den Markt kommen.
Business-Querdenker machen also nicht nur ihr Leistungsangebot zum Ausgangspunkt für Innovationen, ihr Blick geht viel weiter: Ihr gesamtes Geschäftsmodell
steht auf dem Prüfstand. Echte Business-Querdenker besitzen die Fähigkeit, sich
völlig neue Konzepte oder völlig neue Wege der Differenzierung bestehender
Geschäftsmodelle vorstellen zu können. Und während die anderen Unternehmen
eines bestimmten Branchenbereichs intensiv darüber nachdenken, wie sie noch
weitere Kosten einsparen und die Preise senken können, um so der Konkurrenz ein
Stücken Marktanteil wegzuschnappen, entwickeln Querdenker an einer ganz
anderen Stelle ein *neues Geschäftsmodell* und erschließen damit sprudelnde neue
Geldquellen.
Michael Dell ist so ein Querdenker, der das Geschäftskonzept für Computerhersteller neu erfunden hat und damit zu einem der erfolgreichsten und reichsten (!)
Unternehmer der USA aufgestiegen ist. Dells Geschäftsmodell weicht in drei Punkten vom traditionellen Modell der PC-Industrie ab:

✳ Erstens verkauft Dell seine PCs nur direkt an die Endverbraucher und schließt
  Wiederverkäufer, Einzelhändler oder Systemintegratoren vom Kaufprozess aus.

✳ Zweitens unterscheidet sich Dell vom Rest der Branche, indem das bestellte
  Produkt, also der PC, genau nach den Wünschen des Kunden zusammenge-
  schraubt, pardon: konfiguriert, wird und sich so zu 100 Prozent nach dessen
  Wünschen und Anforderungen richtet. Und nicht nach den Vorstellungen
  irgendeines Computerladens, der fertig konfigurierte Geräte anbietet und zu
  wissen meint, was gut für die Kunden ist.

✳ Die dritte Änderung des Geschäftsmodells bei Dell betrifft den Koordinations-
  mechanismus bei der Produktion der PCs. Während beim klassischen Modell die
  Produktion nach Verkaufsprognosen erfolgt und damit eine Lagerhaltung erforderlich wird, produziert Dell erst nach Auftragseingang. Das ist nun wirklich
  clever, denn Dell baut Computer für Sie, indem man Ihr Geld dazu benutzt! Dadurch wird der Lagerbestand auf einem Minimum gehalten, die neuesten Technologien werden eingebaut und der positive Cashflow kommt allein dem Hersteller zugute. Aber auch der Kunde profitiert, nämlich in Form eines guten Produkts mit einem günstigen Preis und einem guten Service. Und das verschafft
  Dell wiederum einen enormen Wettbewerbsvorteil.

Früh übt sich ... und das mit Leidenschaft

Der Gründer dieses Unternehmens, Michael Dell, hat also nicht nur ein für die Com-
puterbranche völlig neuartiges Geschäftsmodell ersonnen, sondern war auch
der Erste seiner Branche, der das bis dahin übliche Massenmarketing durch eine bis
dahin unbekannte Angebotsindividualisierung abgelöst hat. Ist Michael Dell als
Person jemand, dem das Etikett Querdenker auf die Stirn gebrannt ist? Egal, wie
viele Interviews oder Berichte Sie über diesen Mann lesen, irgendwie zieht sich das
Attribut *langweilig* immer durch. Womit wiederum unsere Theorie bestätigt ist,
dass es keine Stereotypen für Business-Querdenker gibt. Man muss nicht zwangs-
läufig ein extrem extrovertierter oder PR-geiler Egomane sein, um als Business-
Querdenker in die Geschichte einzugehen.
Dennoch gibt es ein verbindendes Element, das alle Business-Querdenker eint, und
das heißt *Leidenschaft*. Bei Michael Dell war es die Begeisterung für Zahlen und für
Technologie, die schon in jungen Jahren sehr deutlich zutage trat. Dazu gibt es auch

eine passende Anekdote, die Barry Gibbons in seinem großartigen Buch „Manager, Visionäre und Wahnsinnige" beschreibt: Michaels Eltern kauften ihrem Sohn zu seinem fünfzehnten Geburtstag einen PC. Als ahnte er bereits, dass er in absehbarer Zeit zu einer Legende heranwachsen sollte, nahm Michael den PC mit auf sein Zimmer und baute ihn auseinander. Nun, die Tatsache, dass er den PC in seine Einzelteile zerlegte, ist vermutlich nicht der Stoff, aus dem Legenden gemacht sind. Was den legendären Teil ausmacht, ist die Tatsache, dass er erst fünfzehn war und *ihn wieder funktionstüchtig zusammenbaute ...*

Bei unserem nächsten Querdenker haben wir es mit einem Mann völlig anderer Art zu tun: Guy la Liberté begann seine Karriere als Straßenartist, der sein Geld mit Feuerschlucken verdiente. Heute ist er der oberste Chef des kanadischen Cirque du Soleil, des globalen Entertainment-Imperiums, das das Geschäftsmodell der Zirkusbranche neu erfunden hat. Cirque du Soleil hat zwar eine Manege und ein Zirkuszelt – aber damit enden die Gemeinsamkeiten mit dem, was man gemeinhin unter Zirkus versteht, auch schon. Die Darbietung ist eine Mischung aus Musical und Performance: Show statt Zirkus. Es gibt auch keine Tiere – weder tanzende Bären noch Löwen oder Elefanten. Zudem stehen alle Nummern in einem Zusammenhang, die Darsteller erzählen eine abgeschlossene Geschichte mit Anfang und Ende.

Business-Querdenken in höchster Vollendung: Cirque du Soleil

Mit Tanz, Gesang, Sprechtheater und artistischen Einlagen, alles in Top-Qualität und von Spitzenartisten dargeboten, wird der Zuschauer in emotionale Traumwelten entführt. Ein einzigartiges Erlebnis, für das man gerne ein paar Euro mehr ausgibt. Dabei ist das Konzept wirtschaftlich höchst durchdacht: Der Verzicht auf den Einsatz von Tieren bedeutet den Wegfall enormer Fixkosten, auch spart man sich ein großes Orchester. Investiert wird dafür in Beleuchtung und Tontechnik – und natürlich in die Künstler. Diese sind zum Teil ehemalige Spitzensportler aus den Bereichen rhythmische Sportgymnastik oder Geräteturnen, aber auch gelernte Musical-Schauspieler. Cirque du Soleil beschäftigt Scouts, die immer auf der Suche nach neuen Talenten sind – und die zum Beispiel auch bei olympischen Spielen den Kontakt zu Sportlern suchen. Insbesondere für Athleten aus Ländern des ehemaligen Ostblocks oder aus China gilt, dass die Verdienstmöglichkeiten beim Cirque du Soleil äußerst attraktiv sind.

Abbildung 16: Cirque du Soleil: Der erfolgreichste Zirkus der Welt kommt aus Kanada

Durch diese Art der Produktion hat der Cirque du Soleil ein sehr niedriges Kostenniveau, die nötigen Ressourcen sind an jedem Ort der Welt leicht verfügbar. Optimale Voraussetzungen für den eigentlichen Coup des Unternehmens: Multiplikation. Jede Show wird komplett durchproduziert, wobei gleich mehrere Ensembles für eine Show trainieren und anschließend auf Tourneen durch die ganze Welt geschickt werden. So kann eine Show an mehreren Orten gleichzeitig laufen und eine einzige Choreografie ist drei bis fünf Jahre im Einsatz.

Der Eintrittspreis beträgt 50 bis 100 Euro. So spricht man ein gehobenes Publikum an und macht um den klassischen Zirkusbesucher bewusst einen großen Bogen. Damit nicht genug: In der Pause wartet ein Vielzahl von Verkaufsständen auf die Gäste und ein großer Teil des Unternehmensertrags stammt aus dem Verkauf von Merchandisingartikeln wie T-Shirts, Kaffeebechern, CDs und DVDs.

Das 1984 gegründete Unternehmen ist heute global tätig und hat es geschickt verstanden, durch die Kombination verschiedener bekannter Unterhaltungselemente eine Nische zu schaffen und einen vollkommen neuen Markt zu bedienen: Fantasie vom Fließband für eine Kundschaft, die bereit ist, dafür tief ins Portemonnaie zu greifen!

Mut, Ausdauer, Vision: Das Handwerkszeug der Querdenker

Wenn wir zu Beginn dieses Kapitels gesagt haben, dass sich Business-Querdenker dadurch auszeichnen, dass sie mutig sind und genug Mumm haben, gegen bestehende Branchenregeln zu verstoßen, so sollten Sie jetzt schon einen ganz guten Eindruck davon gewonnen haben, was wir damit meinen: Michael Dell und Guy la Liberté, aber auch Ingvar Kamprad von Ikea sind zwar von ihren Persönlichkeiten her völlig unterschiedliche Typen, dennoch zeichnen sich deutliche Gemeinsamkeiten ab: Sie haben Mut und Ausdauer bewiesen. Und sie haben noch eine Gemeinsamkeit: Sie alle haben eine Vision – und damit meinen wir nicht jene, über die Vorstände und gut bezahlte Unternehmensberater wochenlang sinniert haben und die letztlich doch nichts anderes ist als austauschbare, hohle Selbstbeweihräucherungsphrasen. Mit Vision meinen wir das, was Erich Fromm, der Humanwissenschaftler und Tiefenpsychologe, treffend so beschreibt: *Wenn das Leben keine Vision hat, nach der man strebt, nach der man sich sehnt, die man verwirklichen möchte, dann gibt es auch kein Motiv, sich anzustrengen.*

Herman Mashaba hatte so eine Vision – „einen Traum, der die Herzen und den Geist meiner schwarzen Landsleute stärkt, der sie schön, stolz und stark macht." Um

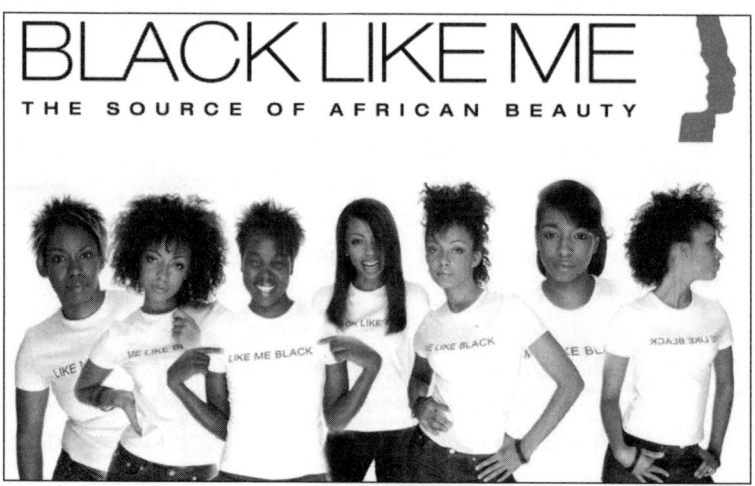

Abbildung 17: Cosmetics with a mission: Black like me, ein Unternehmen aus Südafrika

diese Vision zu verwirklichen, gründete er 1985 in der südafrikanischen Stadt Garankuwa, nördlich von Pretoria, seine Firma „Black like me". Gegen alle Widerstände des südafrikanischen Apartheidregimes begann der schwarze Unternehmer mit vier Mitarbeitern in Handarbeit Shampoos und Seifen herzustellen – für eine klar definierte Zielgruppe: die schwarze Bevölkerung in Südafrika. Mit unglaublichem Mut, mit Ausdauer und Engagement schuf er ein profitables Kosmetikunternehmen, das heute auf den internationalen Markt expandiert.

Business-Querdenk-Box:
Erfinden Sie sich neu, bevor Sie veralten!

Entkommen Sie dem typischen Kopf-an-Kopf-Wettbewerb, indem Sie vollkommen neue Märkte schaffen. Entwickeln Sie Leistungsangebote, die in Ihrer Branche bis dato unüblich waren, oder erobern Sie vollkommen neue Kundensegmente! Denken Sie an den dänischen Spielzeughersteller LEGO, der neben seinem angestammten Markt (Kinderspielzeug) einen völlig neuen Markt erschlossen hat: Mit LEGO Serious Play hat man Bausteine-Sets für Manager auf den Markt gebracht. Oder denken Sie an die Firma KBL-Solarien: Nachdem der Markt der solariumgebräunten und hantelbankgestählten Goldkettenträger komplett erschlossen war, identifizierte man einen ganz neuen Markt mit enormem Potenzial: den der gesundheitsbewussten Kunden, die bis dato dem Solarium aus Angst vor dem Bestrahlungsrisiko ferngeblieben waren.
Dass diese Strategie nicht nur in den Märkten der großen Industrienationen, sondern auch anderswo funktioniert – und das zum Wohl der Firma und der Kunden –, beweisen die Grameen Bank in Bangladesh und die Firma Black like me in Südafrika.

MaxiSize & MiniSize: Setzen Sie dem Erfolg keine geografischen Grenzen

Bitte erwarten Sie jetzt keine eloquente Abhandlung über die Globalisierung unserer Wirtschaftswelt, über das Verschwinden geografischer Grenzen oder über die wachsende wirtschaftliche Bedeutung so genannter Schwellenländer wie Indien oder Vietnam. Darüber ist schon in vielen Büchern geschrieben und in noch mehr TV-Sendungen philosophiert worden, und darum geht es uns nicht. Die Globalisierung ist da, sie ist fester Bestandteil unserer Wirtschaftswelt. Und egal, wie viele Globalisierungsgegner dagegen ihre Protestplakate schwingen – sie werden diese Entwicklung weder aufhalten noch umkehren können.

Die interessante Frage, mit der wir uns in diesem Kapitel beschäftigen wollen, ist eine ganz andere: Wie kann ich gegen den Strom schwimmen und – entgegen dem vorherrschenden Branchentrend – entweder lokal oder aber global sehr erfolgreich mein Geschäft machen?

Lokal, regional, überall

Schauen Sie sich doch einmal in Ihrer Branche um: Viele Unternehmen beschränken sich künstlich, indem sie ihren Einzugsbereich regional eingrenzen. Warum eigentlich? Wir sprechen von der mobilen Gesellschaft, erwarten räumliche Flexibilität von den Mitarbeitern – warum beweisen wir nicht auch den potenziellen Kunden unsere eigene Flexibilität?

Andererseits gibt es Branchen, in denen das globale Engagement zum Erfolg quasi dazugehört. Kleine Anbieter haben keine Chance. Oder doch? Wer sich aktiv gegen den Trend wehrt, kann durchaus zum „Local Hero" werden: Als regionaler Nischenanbieter erfolgreich gegen multinationale Konzerne! Allein – trauen muss man sich.

Business-Querdenk-Regel 5:
MaxiSize & MiniSize: Setzen Sie dem Erfolg keine geografischen Grenzen!

Konventionelles Denken: Sie respektieren die geografischen Grenzen Ihrer Branche. Ist z. B. die Branche ausschließlich lokal ausgerichtet, richten Sie auch Ihr Leistungsangebot auf lokale Kunden aus.

Business-Querdenken: Agieren Sie bewusst entgegen der bestehenden geografischen Ausrichtung Ihrer Branche und schaffen Sie Ihre eigene Konjunktur!

In den meisten Branchen gibt es geografische Grenzen bzw. Entwicklungen entlang geografischer Grenzen, die mehr oder weniger strikt eingehalten werden. In der Regel und für den Durchschnitt aller Anbieter geht die Entwicklung immer in eine Richtung – und zwar immer in Richtung *größer* und *internationaler*: Branchen, die vor allem lokal tätig waren (z. B. Einzelhandelsunternehmen), werden immer internationaler. Branchen, die vor allem national tätig waren (z. B. Luftfahrtgesellschaften), wollen globale Player werden. Das Potenzial für Querdenker liegt nun darin, diese Entwicklungen in Frage zu stellen und gegebenenfalls genau das Gegenteil zu tun. Zwei Beispiele:

✳ Während Bestattungsunternehmen in der Regel regional agieren, ist die Service Corporation International (SCI) ein börsennotierter, vertikal integrierter, weltweit tätiger Konzern. Man hat sich über die vorherrschend regionale Ausrichtung der Branche hinweggesetzt und ist so zu einem global agierenden Dienstleister geworden. SCI hat fast 2.500 Standorte weltweit, darunter 451 Friedhöfe und 189 Krematorien.

✳ Anders viele Mikrobrauereien: Während die allgemeine Entwicklung in der Brauerbranche von regionalen zu internationalen Brauereikonzernen geht, feiern kleinste lokale Brauereien vielerorts ein erfolgreiches Comeback.

Wie können Sie sich gegen die Grenzen Ihrer Branche stellen und dabei erfolgreich sein?

Kult international: 8.500 Mal Starbucks

Der Erfolg von Starbucks zeigt, dass Sie zum Gestalter Ihrer Branche werden können. Und dabei startete Starbucks aus bescheidenen Verhältnissen: Alles begann
mit einer kleinen Kette von vier Läden in Seattle, die Kaffee, Tee und Gewürze anbot.
Die Gründer von Starbucks hatten eine Marktlücke entdeckt, ihr Potenzial aber nicht
ausgeschöpft: In einem Land, in dem der Kaffee bei mitteleuropäischen Gaumen
meist keine Zustimmung findet (und das ist jetzt noch freundlich formuliert), stellte dieses Angebot eine echte Ausnahme von der Regel dar. Augenscheinlich ist der
Bundesstaat Washington im Nordwesten der USA nicht nur das Mekka für Compu-
terbegeisterte, Flugzeugfans und Anhänger der Grunge-Musik, sondern auch ein
Platz für Freunde guten Kaffees.

Ein gutes Produkt war also schon mal vorhanden. Eine gute Voraussetzung zwar,
aber noch lange kein Freifahrschein für den internationalen Erfolg, den Starbucks
heute feiert. Und genau hier kommt ein echter Business-Querdenker ins Spiel! Sie
erinnern sich, dass sich diese spezielle Spezies von Menschen durch Mut und Visio-
nen auszeichnet: Michael Dell oder Guy la Liberté haben wir zuvor schon auf ihre Vi-
sionsfähigkeit ausführlich durchleuchtet. Und auch bei Starbucks taucht so eine
Person auf der Bildfläche auf. Der Name: Howard Schultz. Seine Funktion: Einzelhan-
del- und Marketingleiter mit Ambitionen für höhere Aufgaben. Seine Vision: Egal ob
Amerikaner, Deutsche oder Filipinos – alle haben das Bedürfnis, zusammenzukom-
men. Starbucks ist der Ort dafür. Starbucks bringt Menschen zusammen. Eine Art
Piazza, ein „Dritter Ort" neben dem Zuhause und dem Büro, eine Akropolis des 21.
Jahrhunderts, bei der nicht das Produkt, sondern das Lebensgefühl im Vordergrund
steht. Wow, das ist wirklich eine Vision, die diese Bezeichnung verdient hat! Fragt
sich nur, warum nicht schon andere darauf gekommen sind – aber das ist ein anderes Thema.

Zurück zum Coffeeshop im nasskalten Seattle. Das Geschäft lief mäßig erfolgreich,
bis Howard Schultz das Unternehmen mit mittlerweile einigen Filialen übernahm,
die Gewürze aus dem Sortiment warf und Starbucks konsequent auf Kaffeegenuss
ausrichtete. Danach begann eine beispiellose Expansion. Heute hat Starbucks mehr
als 8.500 Filialen in aller Welt, und täglich kommen neue Kaffeebars hinzu. Der
weltweite Expansionsdrang ist ungebrochen und das erklärte Wachstumsziel von
20.000 Filialen lässt sich nur realisieren, wenn jeder Kontinent damit beglückt wird.

Das bedeutet, dass „Kaffee" künftig auch in Asien, Indonesien und Südamerika neu buchstabiert wird.

Gegen die herrschende Kultur: Café Sacher vs. Starbucks

Um möglichst viele Kunden zu finden, sucht Starbucks Ladenlokale an geschäftigen Straßenecken und im Erdgeschoss großer Bürohäuser. Schultz lässt Läden nahe beieinander oder sogar gegenüber voneinander eröffnen. So müssen die Kunden in Stoßzeiten nicht warten und der Konkurrenz bleibt wenig Platz für eigene Kaffeebars. Man kann einen neuen Laden in wenigen Wochen entwerfen, einrichten und eröffnen.

In Wien hat Starbucks es sogar gewagt, eine Filiale direkt gegenüber dem Café Sacher zu eröffnen. Das kam im Heimatland der Kaffeehauskultur einem echten Sakrileg gleich! Das Wiener Kaffeehaus – nein, nein, das ist kein Café wie in Berlin, München oder Hamburg, das Kaffeehaus in Wien ist eine Institution. Hier scheint die gute alte Zeit stehen geblieben zu sein, hier hat der Herr Hofrat seinen Stammplatz, hier wird der Herr noch mit „habe die Ehre" und die Dame noch mit „Küss' die Hand" angesprochen. „Das Kaffeehaus ist das erweiterte Wohnzimmer des Wieners", sagte Otto Friedländer einmal – und traf damit den Nagel auf den Kopf. Im Kaffeehaus ist Wien zuhause. Da trinkt man seinen Kaffee, liest seine Zeitung, trifft sich mit Freunden, spielt Schach oder kann allein sein, ohne sich allein zu fühlen. Wenig überraschend war es daher, dass die Zeitungen zur Eröffnung der Starbucks-Filiale voll von Kolumnen über die Bedrohung der Wiener Kaffeehaus-Tradition waren. Doch tatsächlich ist Starbucks kaum eine Konkurrenz, denn die Zielgruppen sind einfach zu verschieden – und so lebt man eher in friedlicher Koexistenz. Allerdings stellt sich hier eine wichtige kritische Frage: Warum ist keiner der klassischen Wettbewerber auf die Idee gekommen, die geografischen Grenzen seines Geschäfts in Frage zu stellen? Wenn die Starbucks-Kette heute weltweit über 8.500 Filialen betreibt, was hätte dann erst ein Café Sacher – mit seiner Geschichte und seinem berühmten Namen – auf die Beine stellen können? Doch stop! Auch hier hat man die Zeichen der Zeit erkannt und ist einer, wenn auch bescheidenen, Expansionsstrategie gefolgt: Unter dem Motto „Eine Legende geht auf Reisen" eröffnete das Café Sacher Filialen in Salzburg, Innsbruck und Graz ...

Local Heroes: Mikrobrauereien

Genau diesen Ansatz können Sie nutzen, um in Ihrem lokalen Markt zum Platzhirschen zu werden. Wenn Sie es – besser als Ihre Wettbewerber – verstehen, die Kunden für sich zu begeistern, dann schaffen Sie im selben Zuge Markenloyalität und Kundentreue. Richten wir dazu unseren Blick auf die Bierbranche, eine Branche, die von globalen Playern wie Heinecken oder Carlsberg dominiert wird. Und doch gibt es immer wieder Beispiele auf lokaler Ebene, die zeigen, dass man sich erfolgreich seine kleine Nische in einem globalisierten Wettbewerb schaffen kann.

Im schweizerischen Basel besteht die lokale Brauerei-Szene aus zwei Pionieren: Die Brauerei Fischerstube mit dem „Ueli-Bier" sowie die Brauerei „Unser Bier" sorgen für feinen Biergenuss aus der Stadt. Das „Ueli-Bier" wird in Kleinbasel an der Rheingasse, „Unser Bier" in Grossbasel an der Laufenstrasse gebraut. Natürlich reden wir bei den beiden Biermarken weniger von Quantität als von Qualität: Zusammen brauen sie rund 7.000 Hektoliter pro Jahr. Zum Vergleich: Die Nr. 1 weltweit, Anheuser-Busch, bringt es auf 147 Millionen Hektoliter pro Jahr.

Der Weg zum kleinen, aber feinen Spezialisten verspricht Erfolg. In Deutschland machen lokale, aber hoch profitable Mittelständler wie Augustiner in München, die Kölner Privatbrauerei Gaffel Becker oder der Düsseldorfer Altbierbrauer Peter Frankenheim vor, wie sich in einer lukrativen Nische auch in Krisenzeiten Geld verdienen lässt.

Regional stark: Alles öko oder was?

Denken Sie antizyklisch! Viele der interessanten Marktlücken sind eher bei den Gegentrends zu finden als bei den Haupttrends. Wenn sich in einem bestimmten Segment oder einer Produktgattung Überdruss abzeichnet, ist es Zeit, auf das zurückschwingende Pendel zu setzen. Generell gilt: Alles immer internationaler. Der Gegentrend: Lokal!

Die Feneberg Lebensmittel GmbH hat den Slogan „... von hier" sogar wortwörtlich übernommen. Seit Mitte 1998 bietet Feneberg ein eigenes Lebensmittelsortiment aus kontrolliertem ökologischen Anbau an. Obst und Gemüse, Rindfleisch, Eier, Molkereiprodukte, Käse sowie Brot und Backwaren aus der Region für die Region. Die Feneberg-Eigenmarke nennt sich „Von Hier: Qualität von Anfang an".

Feneberg will damit bewusst einen Gegenpol zur Globalisierung der Warenströme bieten. Den Verbrauchern soll die Wahl geboten werden, die wirtschaftliche Stabilität ihrer Region zu fördern und Gemüse nicht aus Spanien, Holland oder Israel, sondern aus der heimischen Umgebung zu kaufen. Die Vorteile dieses regionalen und ökologischen Programms liegen auf der Hand. Die „Von Hier"-Produkte zeichnet aus:

* ✶ absolute Frische durch kurze Wege (Umkreis 100 Kilometer um Kempten)
* ✶ Kosteneinsparung durch direkte Anlieferung
* ✶ vertrauenswürdige und nachvollziehbare Produktion
* ✶ Erhaltung der Kulturlandschaft und Beitrag zum Umweltschutz
* ✶ Sicherung der regionalen Landwirtschaft durch Förderung einer Kreislaufwirtschaft

Die Vertragspartner von Feneberg sind Landwirte aus der Region Allgäu/Schwaben, durchwegs Mitglieder in einem anerkannten ökologischen Landbauverband. Sie unterliegen einer strengen staatlichen Kontrolle. Die erzeugten Rohwaren werden entweder von den eigenen Feneberg-Produktionsbetrieben oder von regionalen Unternehmen verarbeitet – streng nach den Richtlinien der ökologisch orientierten Produktion.

Der Wohlfühlfaktor: Bio frei Haus

Aber nicht nur die angebotenen Produkte wollen überzeugen, sondern auch die Filialen. Bei Feneberg spricht man von Wohlfühl-Märkten: Seit Anfang der 80er-Jahre wurden alle Märkte anhand zuvor ermittelter Kundenbedürfnisse neu geplant und umgebaut. In den Gängen ist nun genügend Platz zur bequemen Fortbewegung mit dem Einkaufswagen. Das Sortiment ist systematisch nach Bedarfsgruppen geordnet. Und es wird Wert auf eine freundliche Atmosphäre gelegt. Alles zusammen macht Feneberg zu einer erfolgreichen regionalen Marke, die sich hervorragend gegen die großen Supermarktketten behaupten kann.

Noch einen Schritt weiter geht der Biohof Adamah in Markgrafneusiedl in Österreich. Hier hat man zunächst festgestellt: Die Kunden wollen nicht unbedingt Gemüse aus Holland, Spanien oder Chile in einem unpersönlichen Supermarkt kaufen. Viele sind bereit, einen höheren Preis für gute Produkte aus der Heimat zu zahlen und dabei auf den Supermarkt als Zwischenhändler ganz zu verzichten. Genau auf diesen Trend setzt Adamah. Der Biohof bringt seinen Kunden regelmäßig Bio-Gemüse und Bio-Obst der Saison ins Haus. Man bietet damit eine regionale Versorgung ohne lange Transportwege und mit den bereits bei Feneberg beschriebenen Vorteilen. Alles ist ganz frisch. Aber es gibt noch einen weiteren Vorteil: Die Kunden sparen die Zeit, die sie sonst fürs Einkaufen brauchen.

Der Kunde findet sich im Produkt: Die Zeitung neu erfunden

Regionalität lautet der Gegentrend, der auch in der Verlagsbranche zu beobachten ist. Während überall immer neue Verlagszusammenschlüsse verkündet werden und wenige nationale Zeitungskonglomerate den Markt für Tageszeitungen unter sich aufteilen, feiern regionale Tageszeitungen wie die Vorarlberger Nachrichten Erfolge. Dabei ist den Machern klar, dass sie gegen die übermächtige Konkurrenz der Verlagskonzerne keine reale Chance haben. Sie müssen sich also von den überregionalen Blättern deutlich abheben und sich vor allem auf lokale Themen spezialisieren. Die Vorarlberger Nachrichten positionieren sich beispielsweise nicht nur als Regional- und Anzeigenblatt, sondern verstehen sich als Regionalportal, über das die Abonnenten auch preisgünstig Telefon und Strom und viele andere regional begrenzte Angebote beziehen können.

Hinter dem Erfolg der Vorarlberger Nachrichten steht der „Verlagsguru" Eugen A. Russ. Sein Konzept für eine leserfreundliche Zeitung: mehr Boulevard, mehr Sport und vor allem *Gebrauchswert*. Abonnenten sollen durch die Angebote und Sonderaktionen wesentlich mehr sparen können, als das Abo kostet.

Aber damit nicht genug. Man arbeitet strikt nach dem Motto: Eine Lokalzeitung ist dann gut, wenn jeder Leser mindestens einmal im Jahr ein Foto von sich und seinen Freunden im Blatt findet. Russ schickt deshalb seine Reporter mit Kamera und Mikrofon durch die Provinz, um auf privaten Partys zu recherchieren. Das Ergebnis ist unter anderem eine Bilder-Datenbank, in der mittlerweile fast jeder dritte Vorarlberger abgelichtet ist.

Und da nicht alle Fotos in der Zeitung Platz finden, werden die Storys auf dem Webportal (www.vol.at) fortgeführt. Hier kann sich auch jeder Leser aktiv beteiligen – Ziel ist der Aufbau einer aktiven Community, die den Lesern das Gefühl gibt: „Deine Regionalzeitung ist für dich da!"

Russ hat das Konzept nicht von Grund auf selbst erfunden, sondern sich auf Reisen durch die USA inspirieren lassen. Mittlerweile findet sein Weg zahlreiche Nachahmer. Kein Problem: Local Heroes kommen sich nur selten in die Quere!

Hinter den Regionalisierungstrends stehen Grundbedürfnisse der Kunden: Sie suchen in einer immer komplexeren Welt nach Identifikationspunkten, nach Vertrautheit und Wiedererkennbarkeit. Die Regionalisierung ist somit vor allem ein Symbolsystem, das von Handel und Dienstleistung mit Leben gefüllt werden kann.

Egal, ob Sie nun ein Global Player oder ein Local Hero sein wollen, in beiden Fällen müssen Sie eine entscheidende Frage für sich beantworten: Wie gestalten wir unser Angebot so, dass sich Kunden zu uns mehr hingezogen fühlen als zur Konkurrenz? Diese Frage hat Starbucks für sich beantwortet: Es ist nicht nur das Produkt, es geht um mehr als den Standort – es ist eine Philosophie, die jede Faser des Geschäfts durchdringt: „We're not in the coffee business serving people – we're in the people business serving coffee."

Und nun eine kleine Übung für Sie: Tauschen Sie „Coffee" gegen Ihr Produkt aus, und schon haben Sie ein interessantes Konzept, über das Sie sehr intensiv nachdenken sollten!

Business-Querdenk-Box:

Denken Sie antizyklisch! Viele der interessanten Marktchancen sind eher bei den Gegentrends zu finden als bei den Haupttrends.

Überlegen Sie: Wie können Sie gegen den Strom schwimmen und – entgegen dem vorherrschenden Branchentrend – entweder lokal oder global sehr erfolgreich Ihr Geschäft machen?

Denken Sie an SCI, ein Bestattungsunternehmen, das in einer sehr lokal geprägten Branche eine Revolution ausgelöst hat. Oder denken Sie an den Markt der Kaffeehäuser, der traditionell sehr lokal organisiert ist. Der Regelbrecher in dieser Branche kommt aus Seattle: Dort startete man einst mit vier Läden, heute hat Starbucks mehr als 8.500 Filialen in aller Welt. Denken Sie aber auch an erfolgreiche Mikrobrauereien, die genau den umgekehrten Weg gehen: Sie verabschieden sich bewusst von globalen Expansionsstrategien und konzentrieren sich darauf, in ihrem lokalen Markt zum Platzhirschen zu werden.

Mix-it! Erobern Sie neue Märkte – mit Bindestrich-Innovationen

Der Harvard-Ökonom Theodore Levitt schreibt in seinem 1992 erschienenen Buch mit dem Titel „Über Management":

Sich von anderen zu differenzieren zählt zu den wichtigsten strategischen und taktischen Aufgaben, denen sich ein Unternehmen ständig widmen muss. Das ist keine Ermessenssache. [...] Es gibt eigentlich keine austauschbaren Standardprodukte, nur Menschen, die wie solche denken und handeln.

Aber bevor Sie jetzt zustimmend mit dem Kopf nicken, müssen wir Sie mit einer Frage konfrontieren: Wenn alle der Meinung sind, ein langfristiges Bestehen im Wettbewerb funktioniere nur über eine eindeutige Differenzierung von der Konkurrenz, warum haben dann so verdammt wenige Unternehmen eine gute Antwort auf die Frage „Was macht Sie einzigartig, was unterscheidet Sie von Ihrer Konkurrenz?"?

Als wir diese Frage kürzlich bei einem Workshop in einer Bank stellten, kam als Antwort: „Qualität, Innovation und Kundenorientierung."

Tut uns Leid, aber mit einer solchen Aussage können Sie im heutigen Wettbewerb keinen Blumentopf mehr gewinnen. Alle Wettbewerber der Branche geben schon seit Jahren genau dieselbe Antwort. Anders gesagt: Qualität, Innovation und Kundenorientierung sind eine Selbstverständlichkeit und weder eine herausragende noch eine hinreichend differenzierende Leistung. Darüber können Sie sich nicht profilieren!

Die Kraft der Kombination

In diesem Kapitel wollen wir uns daher mit der Frage beschäftigen, wie Sie sich – als echter Querdenker – von Ihren Wettbewerbern differenzieren können. Dazu wol-

len wir Ihnen ein interessantes Konzept vorstellen: das Konzept der Bindestrich-Innovation. Dieses beruht auf dem einfachen, aber erfolgreichen Ansatz, Dinge miteinander auf neue Art zu kombinieren. Und es gilt: Je verrückter die Kombinationen,
desto einzigartiger das Ergebnis!

Business-Querdenk-Regel 6:
Mix-it! Erobern Sie neue Märkte mit Bindestrich-Innovationen!

Konventionelles Denken: Sie erweitern Ihr bestehendes Leistungsangebot, indem
Sie ausschließlich zusätzliche Leistungen anbieten, die in der eigenen Branche bekannt und üblich sind.

Business-Querdenken: Verknüpfen Sie Leistungsangebote zweier unterschiedlicher Branchen miteinander, die es in dieser Kombination bis dato noch nicht gab.
Dies beruht auf dem einfachen, aber erfolgreichen Ansatz, bestehende Dinge miteinander auf neue Art zu kombinieren. Und es gilt: Je verrückter die Kombinationen,
desto einzigartiger das Ergebnis!

Wie so häufig gibt es in jeder Branche einige ungeschriebene Regeln, wie Geschäfte
funktionieren, und das gilt auch für den Vertrieb. Zum Beispiel: Rechtsberatung gibt
es im Büro des Anwalts und nicht etwa am Flughafen oder im Coffeeshop. Warum
ist das so? Warum gibt es in jeder Branche diese „heiligen Kühe"? Meist, weil es
schon immer so war! Doch gerade in dieser Situation gilt: Aus heiligen Kühen kann
man die leckersten Steaks machen!

Coffee & Counsel: Scheidung auf Amerikanisch

Die Kanzlei im Coffeeshop – mit diesem Geschäftsmodell bietet Anwalt Jeffrey J.
Hughes in Los Angeles eine echte Innovation. Die Zeiten, in denen die Klienten zu
ihm in die Kanzlei kommen mussten, um eine anwaltliche Beratung zu bekommen,
sind vorbei. Heute erfolgt das Gespräch zwischen Anwalt und Klient ganz ent-
spannt im Coffeeshop – und ist auch noch konkurrenzlos billig: Die unverbindliche

Beratung, die je nach Fall 15 bis 30 Minuten dauert, kostet 25 Dollar – der Kaffee ist im Preis inbegriffen. Wie bei McDonalds hängt an der Wand die Karte mit den Preisen für die einzelnen Leistungen: Namensänderung 200 Dollar, Eintrag ins Handelsregister 500 Dollar ... Inzwischen arbeiten rund 30 Anwälte nach diesem Konzept zusammen. Es gibt Experten für Familien-, Arbeits- und Mietrecht, für Einwanderung, Steuern, Unfälle, Schmerzensgeld und Insolvenzen. „Das ist etwas Neues, man kommt in einer angenehmen Atmosphäre zusammen, die Leute sind viel entspannter als in einem Büro. Und ich finde hier neue Klienten", so Keith F. Simpson, der zweimal pro Woche für jeweils zwei Stunden seine Expertise zur Verfügung stellt und auf Familienrecht spezialisiert ist. Etwa jedes zweite seiner Beratungsgespräche führt zu einem Mandat.

Dabei sind alle angeschlossenen Anwälte seriöse Vertreter ihres Fachs. Das Café dient quasi als anwaltlicher Kontakthof und reduziert die Hemmschwelle, juristische Beratung zu suchen. Dazu tragen auch die niedrigen Gebühren für die Erstberatung bei.

Zusammenfügen, was zusammen gehört: Kochbuchhandlung mit Schmankerln

Babette's nennt sich eine auf Kochbücher spezialisierte Buchhandlung in Wien in der Nähe des Naschmarktes. Und ausgesuchte Gewürze gibt es auch. Keine Besonderheit, meinen Sie?

Nun, Babette's ist eine typische Bindestrich-Innovation. Neben mehr als tausend Kochbüchern gibt es bei Babette's nämlich auch ... etwas zu essen. Man hat Buchhandlung, Gewürztheke und Schauküche miteinander verheiratet und bietet den Gästen ein täglich wechselndes Menü. Zudem finden in den Räumlichkeiten auch Kochkurse und Kochevents statt.

Hinter Babette's – und natürlich auch hinter dem Ladentisch und am Herd – stehen Nathalie Pernstich und Silke Huala. Gemeinsam sind sie Unternehmerinnen, Köchinnen, Künstlerinnen, Bibliophile. Und vor allem: Genießerinnen. Die Idee für Babette's entstand aus ihrer Leidenschaft für das Kochen, für Bücher, für Gewürze, für das gute Essen als Ausdruck der Lebensfreude. Und aus der Meinung, dass sich Wien mit seinen Hobbyköchen und Naschmarktfans einen solchen Laden längst verdient hat.

Abbildung 18: Kochen für Leseratten: Babette's in Wien

Die beiden sind übrigens weder gelernte Profiköchinnen noch Buchhändlerinnen: Nathalie Pernstich hat eine Ausbildung zum IT-Consultant und arbeitete in der Telekommunikationsbranche, während Silke Huala Malerei und bildnerische Erziehung studiert hat. Vielleicht war es ja gerade der Quereinstieg, der die Innovation ermöglicht hat.

Der wunderbare Waschsalon

„Schöner Warten" heißt das Konzept im „Cleanicum" in Köln am Brüsseler Platz. Das Cleanicum ist nämlich nicht nur Waschsalon, sondern auch Lounge. In der Kölner Innenstadt gibt es reichlich Kunden für einen Waschsalon: Die Mieten sind hoch, die Wohnungen klein – wenig Platz für die eigene Waschmaschine. Doch gerade die „gehobene" Kundschaft wird von den üblichen Waschsalons eher nicht angesprochen: Schließlich wartet man etliche Zeit, bis die Wäsche erst gewaschen und dann auch noch getrocknet ist, das macht in dem üblichen Waschsalon-Ambiente keinen Spaß. Im Cleanicum hat man das erkannt und bietet eine Atmosphäre, in der das Wäschewaschen selbst zweitrangig wird. Man trifft sich, lümmelt auf gemütlichen Sofa-

Abbildung 19: Eine der saubersten Adressen Deutschlands: Die Kölner Szene trifft sich im Cleanicum

liegen herum, kann im Internet surfen und natürlich einen Espresso schlürfen. Wer seine Ruhe haben will, kann lesen und wird nicht gestört. Manchmal schlafen Gäste auch schon mal beim Warten auf das Ende des Waschgangs ein – die Betreiber sehen das als ein besonderes Zeichen von Vertrauen und Geborgenheit.

Und genau das will man den Kunden vermitteln: Sie sollen sich verwöhnt fühlen, der Service ist bewusst aufmerksam. Und manchmal entwickelt sich das Cleanicum sogar zum Supportzentrum, wenn man den Kunden bei einer Besorgung helfen kann oder sich die Gäste untereinander mit Tipps und Tricks zu allen möglichen Themen versorgen. Gerüchte besagen, im Cleanicum hätte mancher schon den Partner fürs Leben gefunden ...

Business am Dritten Platz: Art Bar & Café

Rechtsberatung im Café ist, wie gezeigt, zumindest in den USA bereits Realität – nun entdeckt auch die Versicherungsbranche, dass mehr Verträge abgeschlossen werden können, wenn man potenziellen Neukunden Angebote in angenehmer Atmosphäre unterbreitet. An so genannten „Third Places" – Aufenthaltsorten zwischen der Arbeitsstätte und dem eigenen Zuhause – werden Versicherungspolicen quasi als Zusatzangebot präsentiert und so ganz neue Zielgruppen erschlossen. Weniger als Versicherungsverkaufsbüro, sondern vielmehr als Kunst- und Genuss-Treffpunkt – und damit als attraktiver „Third Place" – positioniert sich das Münchner Hiscox Art Bar & Restaurant. Als Vorbild dient dem britischen Assekuranz-Riesen Hiscox sein Londoner Art Café, das sich inzwischen zur wichtigen Plattform für die britische Kunstszene entwickelt hat. Hiscox versichert nicht nur Kunst, das Unternehmen lebt sie auch, versichert ein PR-Text. In der deutschen Filiale können die Gäste nun speisen, Kunst kaufen und sich vom Leitspruch des Versicherers überzeugen, den Joachim Leuther aus dem Vorstand auf den Punkt bringt: „Wir versichern die schönen Dinge des Lebens."

Noch mehr interessante Verbindungen: Figaros Innovationen

Bindestrich-Innovationen lassen auch im Bereich der Friseursalons ganz unterschiedliche Geschäftskonzepte miteinander verschmelzen:

✳ Eine Mischung aus Friseurgeschäft und Home-Fashion-Laden bildet der Salon Kaiserschnitt in Berlin-Friedrichshain. Das Interieur des Ladens steht hier mit zum Verkauf.

✳ Für die Verschmelzung von Café und Friseurladen gibt es eine ganze Reihe von Beispielen. Den Salon Sucre in Berlin-Kreuzberg etwa teilen sich eine Friseurin und ein französischer Konditor. Und das Berliner Café-Bistro Redetzky's hat gleich eine ganze neue Filiale im Friseurgeschäft Cutman eröffnet.

✳ Gerhard Meir konzentriert sich in seinen Salons in Hamburg, Berlin und München auf die Medienbranche: Zum bereits bestehenden hauseigenen Kundenmagazin sollen in naher Zukunft Bibliotheken kommen, die den Aufenthalt verlängern und noch angenehmer gestalten sollen.

Diese Beispiele zeigen, dass der Phantasie bei der Anwendung des Mix-it-Konzeptes keine Grenzen gesetzt sind.

Mehr als die Summe aller Teile: Library Hotel

Wann funktioniert das Mix-it-Prinzip am besten? Immer dann, wenn der daraus geschaffene Wert mehr ist als die Summe seiner Teile. Eine gelungene Kombination setzt also voraus, dass die Bestandteile so miteinander kombiniert werden, dass ein zusätzlicher Wert entsteht.

Ein Beispiel dafür ist das Library Hotel in New York. In einer Stadt, die wahrlich keinen Mangel an ausgefallenen Hotels befürchten muss, hat dieses neue Hotelkonzept dennoch für jede Menge Aufmerksamkeit gesorgt. Die Idee: Das Hotel in der Madison Avenue, Ecke 41st Street, ist das erste seiner Art, in dem sich alles nur ums Lesen dreht. Jedes Stockwerk dieses Luxushotels ist einer unterschiedlichen Fachrichtung gewidmet und die einzelnen Zimmer sind mit Büchern und Kunstwerken zum entsprechenden Themengebiet ausgestattet. Insgesamt hat die Hotelleitung rund 6.000 Bücher erworben und auf 60 Zimmer verteilt. Damit aber auch der Gast das ihm genehme Zimmer findet, wurden den zwölf Etagen des Hotels verschiedene Interessenbereiche zugeordnet. Ganz so wie in einer Bibliothek. Neben „Sozialwissenschaften" gibt es die Sparten „Sprachen", „Mathematik und Naturwissenschaften", „Technologie", „Künste", „Literatur", „Geschichte", „Allgemeinwissen", „Philosophie" und „Religion". Jedes einzelne Zimmer wiederum beherbergt Bücher aus einem Unterbereich dieser Wissenssparten.

Abbildung 20: Das Library Hotel beweist: Eine Symbiose ist das Zusammenwirken zweier Systeme zum beiderseitigen Vorteil

Aber nicht nur im Hotelzimmer und der Lobby findet der Gast Lektüre: Auch ein mahagonigetäfelter Leseraum lädt zum Schmökern ein, ebenso der gemütliche Wintergarten („Poetry Garden") unterm Dach, der „Writers Den" genannte Raum mit Ohrensesseln und offenem Kamin sowie der Frühstücksraum, in dem hohe Bücherregale stehen und Zeitungen ausliegen. Den ganzen Tag über kann dort getrunken, gegessen – und natürlich auch gelesen werden.

Die Idee für das Library Hotel kam dem Hotelbesitzer Henry Kallan, als er nach dem Kauf eines zwölfstöckigen Gebäudes, das er in ein Hotel umwandeln wollte, durch die umliegenden Straßen schlenderte, nach wenigen Schritten auf die New York Public Library stieß und einige Straßenblocks weiter an der Pierpont Morgan Library vorbeikam. Inzwischen ist die Idee so erfolgreich, dass die Zimmer im Library Hotel zwischen 315 und 800 Dollar kosten.

Dieses Beispiel zeigt gut, warum das Mix-it-Konzept, wenn es clever umgesetzt wird, so erfolgreich ist: In unserer Gesellschaft existiert alles, was wir uns vorstellen können, im Überfluss. Was ist die natürliche Reaktion der Menschen? Nach etwas zu suchen, das einfach anders ist. Etwas, das aus der Menge heraussticht, etwas, das sie so nicht erwartet hätten. Und genau das erreichen Sie mit Mix-it! Je verrückter die Kombinationen, desto einzigartiger das Ergebnis – und desto größer die Attraktivität für die Kunden.

Business-Querdenk-Box:
Die erfolgreichsten Konzepte bestehen häufig aus neuen Kombinationen bereits bestehender Ideen.

Jason Jennings, Unternehmensberater und Autor

Warum bringen Sie nicht zwei unterschiedliche Branchen in einem Angebot zusammen? Dabei geht es nicht um das gedankenlose Mixen von zwei Branchen, sondern es geht darum, mit einer klaren strategischen Absicht und einem genauen Blick auf die vorhandene (oder aber angestrebte Zielgruppe) ein einzigartiges Angebot zu schaffen, das einen klaren Nutzen für die Kunden hat. Verknüpfen Sie Leistungsangebote zweier unterschiedlicher Branchen miteinander, die es in dieser Kombination bis dato noch nicht gab! Dies beruht auf dem einfachen, aber erfolgreichen Ansatz, bestehende Dinge miteinander auf neue Art zu kombinieren. Und es gilt: je verrückter die Kombinationen, desto einzigartiger das Ergebnis!

Denken Sie an das Library Hotel in New York, dem eine gelungene Mischung zwischen Bibliothek und Hotel zu echter Differenzierung im Markt verhilft. Oder an die Erfindung des amerikanischen Rechtsanwaltes Jeffrey J. Hughes, der seine Kanzlei mit einem Coffeeshop kombiniert hat. Ein schönes Beispiel findet sich auch in dem ansonsten eher langweiligen Markt der Waschsalons: Im Cleanicum in Köln hat man den Waschsalon mit einer coolen Lounge kombiniert – ganz nach dem Motto „Schöner warten", bis der Waschgang fertig ist.

Quasi-Monopole: Werden Sie zum Champion und Monopolisten in Ihrer Nische

Eine Zeitlang konnte man in der Wirtschaftspresse fast täglich von spektakulären Fusionen oder Plänen für solche lesen. Die Gründe, aus denen sich Unternehmen zusammenschließen, scheinen auf der Hand zu liegen: Synergieeffekte schaffen Einsparpotenziale, Unternehmenswert und Renditen steigen, die Produktpalette vervollständigt sich. Soweit die Theorie. Der Großteil von Fusionen erfüllt jedoch lange nicht alle in sie gesetzten Erwartungen: Eine Studie der Investmentbank Morgan Stanley brachte gar zu Tage, dass 70 Prozent der Fusionen scheitern. Dennoch scheint der Drang nach „big is beautiful" weiterhin ungebrochen. Die Attraktivität der Idee, aus 2 und 2 einfach 5 zu machen, hat zugegebenermaßen ihren Reiz: Als Chef eines solchen Fusionsimperiums kann man immerhin große Reden halten, wichtige Menschen treffen, teure Zigarren rauchen und Cognac trinken – während die Chefs der kleinen Firmen draußen warten müssen.

Business-Querdenk-Regel 7:
Quasi-Monopole: Werden Sie zum Champion und zum Monopolisten in Ihrer Nische!

Konventionelles Denken: Getreu dem Grundsatz der Risikostreuung bauen Sie ein möglichst breites Portfolio an Produkten und Services auf und hoffen, dadurch eventuelle Absatzschwächen in einem Bereich mit guten Ergebnissen in anderen Bereichen ausgleichen zu können.

Business-Querdenken: Seien Sie mutig und suchen Sie sich eine Nische oder bauen Sie diese sogar selbst auf! So schaffen Sie sich Ihr eigenes Monopol.

Die Idee der bedingungslosen Zu- und Aufkäufe hat in den Zeiten eines lokal begrenzten Wettbewerbs gut funktioniert und viele Megakonzerne in den Schwellenländern sind noch heute auf ihren protektionierten Heimatmärkten sehr erfolgreich. Man nehme zum Beispiel die indische Tata-Gruppe, die größte Unternehmensgruppe des Landes, die in allen Lebensbereichen präsent ist: Zur größten privaten indischen Firmengruppe gehören so unterschiedliche Sparten wie Automobil- und Lkw-Produktion, Stromversorgung, Internetservices, Beratungsunternehmen, Luxushotels, Teeplantagen, Computer- und IT-Services sowie eine Uhrenproduktion. Doch dieses Konzept funktioniert in den hoch industrialisierten Wirtschaftsnationen in Westeuropa oder Nordamerika nicht mehr so reibungslos.

Die Zeiten haben sich geändert: Small is beautiful

Die Tage der riesigen und weit verzweigten Konzerne sind vorbei. Im Zeitalter des Überangebots sind scharfe Konturen gefragt. Deshalb ist es wichtig, nicht um jeden Preis der schieren Größe hinterherzujagen, sondern sich auf jene Geschäftszweige zu konzentrieren, in denen man global die Nase vorn hat.

Es gilt, die richtigen Nischen für sich zu finden, jene Nischen, in denen man Weltklasse ist, und sich darauf zu konzentrieren. Doch Sie müssen es richtig machen, müssen für eine klar umrissene Zielgruppe genau das richtige Angebot entwickeln und – wichtig! – dieses auch regelmäßig liefern können. Hermann Simon beschreibt in seinem Buch „Die heimlichen Gewinner" zwei unterschiedliche Nischenkonzepte:

Die erste Kategorie besteht aus extremen Spezialisten, die versuchen, eine sehr starke Marktstellung in sehr kleinen Märkten aufzubauen („Auf sehr kleinen Märkten sehr groß sein"). Ich bezeichne sie als Super-Nischenanbieter. Die andere Kategorie schafft ihre eigenen Märkte. Diese Unternehmen haben keinen Wettbewerber im üblichen Sinn. Ich bezeichne sie als Marktbesitzer, da sie ihre Märkte praktisch besitzen.

Zwei Extrembeispiele: Mit nur 85 Mitarbeitern hält die schwedische Firma Bergman & Beving einen komfortablen Weltmarktanteil von über 50 Prozent mit einem Produkt, das fast jeder schon im Mund hatte: dem Speichelabsauger beim Zahnarzt. Mit nur einem einzigen Produkt im Portfolio, einem Großküchen-Gargerät, ist die Rational AG aus Landsberg am Lech seit Jahren Weltmarktführer.

Die Business-Querdenker
Anja Förster & Dr. Peter Kreuz

... haben schon über 10.000 Menschen zum Thema Erfolg durch clevere neue Business-Ideen inspiriert und trainiert!
Zu ihren Kunden zählen Top-Unternehmen wie BMW, DaimlerChrysler, IBM, Microsoft, Siemens, Schwarzkopf und Xerox.

Das Live-Programm
zum Thema Business Querdenken:
- Vorträge
- Präsentationen
- Corporate Sessions
- Workshops
- Seminare

www.DifferentThinking.de

Querdenker als Experten – Experten als Querdenker

Auf die Frage, worin die Stärke seines Unternehmens liegt, würde Manfred Utsch antworten: „Wir sind weltweit die erste Adresse für die Entwicklung und Herstellung von Kfz-Kennzeichen-Systemen."

Der Mittelständler Manfred Utsch ist als führender Hersteller von Nummernschildern Vorzeige-Unternehmer der Außenwirtschaftskampagne des Landes Nordrhein-Westfalen. Kunden aus 100 Ländern schätzen die Produkte aus Siegen: Autokennzeichen und Registrierungssysteme.

So hat Utsch für Länder mit hoher Rate an Autodiebstählen eigene Laser- und Hologrammtechniken entwickelt. Autos in Sri Lanka haben beispielsweise zwei Kennzeichen und eine zusätzliche Vignette, die von innen an die Windschutzscheibe geklebt wird. Wird versucht, die Vignette vom Fenster zu lösen, zerstört sich das Dokument automatisch.

Utsch ist deshalb erfolgreich, weil er wie viele Nischenanbieter auch eine tiefe Wertschöpfung hat. War das Unternehmen zunächst reiner Schilderhersteller, so ist man später selbst ins Maschinengeschäft gegangen. Mittlerweile verkauft man die Maschinen weltweit an Schilderproduzenten. Dadurch hat sich auch das Wartungs- und Ersatzteilgeschäft hervorragend entwickelt.

Aber Utsch tut mehr: Das Unternehmen investiert in neue Entwicklungen, forscht an neuen Technologien – und hat sich vom reinen Schildermacher längst zum weltweit führenden Experten für Kennzeichnung und Nummerierung entwickelt.

Das geht so weit, dass Utsch Regierungen berät, wenn neue Autokennzeichen eingeführt werden sollen. Mittlerweile lizenziert Utsch die eigenen Technologien erfolgreich an andere Unternehmen. Dabei ist Utsch bei aller Expansion immer der eigenen Nische treu geblieben. Man hat das Angebot in der Tiefe ausgebaut, sich aber nie verzettelt.

Nische für Bodenständiges: Die seltsamen Tafeln des Josef Z.

Eine Tafel Ritter Sport kostet 69 Cent – im Angebot ist es noch billiger. Bei Zotter zahlen Sie für ein Täfelchen, das gerade mal 70 g auf die Waage bringt, durchschnittlich 2,70 Euro. Dafür heißt es aber weder „Vollmilch-Nuss" noch „Alpen-Vollmilch", sondern „Zitrone und Polenta" oder „Pfefferschrot und Minze" und wird in

Abbildung 21: Schokolade mit Chili-Santa-Fee-Geschmack: Zotter traut sich auch an außergewöhnliche Wünsche

einem aufwändigen Verfahren von Hand geschöpft. Josef Zotter, der steirische Schokoladen-Handwerker, hat noch mehr im Programm: Durch Erfindungsgabe entstehen sehr ausgefallene und zuweilen sogar gewagte Geschmackskompositionen: „Hanf und Mocca", „Kaffeepflaumen mit Speckkrokant" oder „Käferbohnen mit Zwiebelkonfit" zeugen von der Kreativität Zotters, der mit seiner Schokoladenmanufaktur eine Super-Nische besetzt.

Sein Geschäftsmodell unterscheidet sich in vielem von dem, was auf dem Süßwarenmarkt gängige Praxis ist. Künstliche Aromastoffe sowie Konservierungs- und Farbstoffe hat Zotter aus seiner Schokoladenküche verbannt, nur Zutaten von bester Qualität kommen in den Schokoladentopf. Weil gute Zutaten nicht billig zu beschaffen sind, macht Zotter beim Preiswettbewerb, der den Einzelhandel seit vielen

Jahren beherrscht, erst gar nicht mit – und das mit Erfolg. Zwei Millionen Tafeln handgeschöpfter Schokolade verkauft er pro Jahr zu einem Preis, der den einer Tafel Milka oder Ritter Sport um mehr als das Dreifache übersteigt.

Das Unternehmen agiert auch hinsichtlich des Vertriebsnetzes anders als herkömmliche Schokoladenhersteller. Man verzichtet weitgehend darauf, an Supermärkte und große Ketten zu liefern, sondern setzt stattdessen auf Feinkostläden, Konditoreien, Vinotheken, Souvenirläden auf Flughäfen – und Museumsshops. Das Beispiel von Zotter zeigt: Zu kleine Nischen gibt es nicht! Und genau hier liegt das Erfolgsgeheimnis cleverer Business-Querdenker: Sie haben eine echte Positionierung für sich definiert, die wiederum auf dem Zusammenspiel von Innen und Außen, also der Ausrichtung der Kernkompetenzen auf Wünsche und Probleme genau definierter Zielgruppen, basiert.

Querdenker in Super-Nischen: Karmann & Co. geben Gas

Die Sonne bringt es an den Tag: Cabrios boomen. Und darüber freut sich niemand mehr als Europas größte Cabrio-Schmiede, Karmann in Osnabrück. Die 1901 gegründete Firma hat sich elegant im schwierigen Markt der Autozulieferer positioniert. Karmann ist Spezialist für die Entwicklung und den Bau von Cabriolets und Coupés. Dabei konzentriert sich das Unternehmen ganz auf das Business-to-Business-Geschäft mit den Autoherstellern, tritt also gegenüber dem Autokäufer nicht in Erscheinung.

Nur wenige wissen zum Beispiel, dass Karmann das Cabriolet des Mercedes CLK fertigt. Auch das Audi A4 Cabrio, das neue Beetle Cabrio und das Sportcoupé Chrysler Crossfire kommen aus Osnabrück. Karmann ist die verlängerte Werkbank für viele namhafte Automobilhersteller.

Das Unternehmen versteht sich als Contract Manufacturer, also eine Art Auftragsfertiger. Der kommt zum Zuge, wenn ein Hersteller in der eigenen Fertigung mit Kapazitätsengpässen zu kämpfen hat. Karmann fängt dann die Spitzen ab. Noch lieber ist dem Unternehmen aber, wenn der Hersteller das neue Modell von Anfang bei ihm fertigen lässt. Das wird insgesamt günstiger, denn Nischenfahrzeuge wie Cabrios oder Coupés sprechen nur ein kleines Zielpublikum an und für den Hersteller lohnt es sich nicht, den Bau dieser Autos in den Produktionsprozess der Großserienfahrzeuge einzupassen.

Flugzeugsitze für die Welt

Sie werden es vermutlich noch nicht bemerkt haben, auch wenn Sie vielleicht manchmal drauf sitzen: 55 Prozent aller Flugzeugsitze sind mit Stoffen des Schweizer Unternehmens Lantal bespannt. Hinzu kommen noch einmal 35 Prozent der Bodenbeläge in den Flugzeugen. Was die Textilien so begehrt macht, sind ihre Eigenschaften: selbstreinigend, feuerfest, zugleich aber leicht und edel. Das alles sind zentrale Faktoren für die Kundschaft, für die nicht nur das geringere Gewicht, sondern auch unproblematische Pflege und Reinigung bei jedem Flug Kosten einsparen helfen.

Alle wichtigen Fluggesellschaften der Welt verlassen sich bei der Bestuhlung auf Stoffe der Schweizer. Um diesen Kundenkreis noch effektiver zu bedienen, unterhält Lantal sogar Tochterunternehmen in Seattle und Toulouse – nicht zufällig die Stammsitze von Boeing und Airbus.

Von Betroffenheit zum Business-Querdenken: Reisen im Rollstuhl

Wolfgang Grabowski hat sich seinen Markt selbst geschaffen: Er bringt Rollstuhlfahrer nach Indien, in die Karibik oder zum Papst. Und beweist, dass sich auf dem umkämpften Reisemarkt mit Ideen gutes Geld verdienen lässt. Der 43-jährige Inhaber und Geschäftsführer von Grabo-Tours bezeichnet sein Unternehmen als europäischen Marktführer für Behinderten-Gruppenreisen und berichtet von 2.000 Stammkunden aus den deutschsprachigen Ländern. Jedes Jahr stehen 50 Reisen auf dem Programm. Ein Quasi-Monopol.

Seine Firmenidee hat auch persönliche Motive. Grabowskis Bruder Peter hatte einen schweren Autounfall und sitzt seitdem im Rollstuhl. Als Wolfgang mit seinem behinderten Bruder zum ersten Mal gemeinsam Urlaub machen wollte, stellten die beiden schnell fest, dass die schöne bunte Ferienkatalogwelt mit blitzblauem Himmel, Relaxen am Pool und Besichtigung von Sehenswürdigkeiten keine behinderten Menschen kennt.

Grabowskis Spezialreisen kosten zehn bis 25 Prozent mehr als die Pauschalangebote anderer Veranstalter. Aber dafür gibt es auch mehr Leistung: So sind auf jeder seiner Touren neben dem Reiseleiter drei bis vier Helfer dabei, die den Reisegästen rund um die Uhr zur Hand gehen. (Für die Freiwilligen sind die Reisen gratis, ein zusätzliches

Honorar erhalten sie nicht.) Außerdem, betont Wolfgang Grabowski, müssen Hotels mindestens vier Sterne haben, um bei ihm in die engere Wahl zu kommen. Sein wertvollstes Kapital sind Grabowskis Netzwerk und viel Eigeninitiative. Das Netzwerk hilft, auch verrückte Ideen umzusetzen. Und damit alles klappt, recherchiert der Chef selbst immer wieder vor Ort, ob die Locations auch wirklich behindertengerecht sind. Viel Einsatz – doch so schafft er es, seinem Wahlspruch treu zu bleiben: Grabo macht möglich, was möglich zu machen ist!

Business-Querdenker machen Dampf – aber keine heiße Luft

Das Unternehmen verkauft nur ein einziges Produkt – und damit ist man Weltmarktführer. Die Rational AG aus Landsberg am Lech ist unangefochtener Marktführer im Segment der Gargeräte für Großküchen. Bereits 1976 brachte man den „Combi Dämpfer" auf den Markt für professionelle Küchentechnik. Damals war die schonende und schnelle Zubereitung von Speisen mittels einer Kombination von Heißluft und Dampf eine Sensation.

Die Rational AG erkannte das Marktpotenzial und schuf sich mithilfe der neuen Technologie ein ganz neues Segment im Markt für Groß- und Gewerbeküchen. Zwanzig Jahre lang konnte das Unternehmen diesen Markt dominieren, bevor man 1997 den nächsten großen Technologiesprung einläutete: Mit dem „ClimaPlus Combi" wurde erstmals die Automatisierung komplexer, mehrstufiger Garprozesse möglich. Für die Großküchen bedeutete dies, dass die Geräte nun auch durch weniger qualifiziertes Personal bedient werden können, ohne Qualitätseinbußen für die Speisen befürchten zu müssen.

Für Rational bedeutete die Neuentwicklung vor allem einen erneuten technologischen Vorsprung gegenüber den Wettbewerbern. Es bedeutete aber zugleich, dass man sich nicht mehr nur als Hardwarelieferant betätigte. Die Erfolgsfaktoren sind vor allem die Software, die Garprogramme und die Benutzerfreundlichkeit der Geräte.

Da die Zielgruppe von Rational klar abgegrenzt und in einschlägigen Statistiken erfasst ist, lassen sich die Marktdurchdringung und das Wachstumspotenzial sehr gut einschätzen. Um weitere Expansionsmöglichkeiten zu nutzen, verlässt man sich nicht nur auf die eigene Technologieführerschaft. Vielmehr setzt Rational auf Profiköche als Vertriebsspezialisten und baut auf ein weltweites Servicenetzwerk.

Das Beispiel der Rational AG zeigt, der beste Weg, einen Markt zu „besitzen", ist, diesen von Anfang an selbst zu schaffen. Idealerweise existierte der Markt vorher nicht und wird erst durch das Produkt definiert. Und: Die Einzigartigkeit des Produktes muss aufrechterhalten werden können, sie muss über die Zeit ständig erneuert und verteidigt werden.

Nische für nackte Tatsachen: Naked-Air & Naked News

Stellen Sie sich vor, Sie wollen sich über die Ereignisse des Tages informieren und sehen sich die Abendnachrichten an. Plötzlich beginnt die Nachrichtensprecherin, gerade als sie von einem neuen Bombenattentat im Irak berichtet, ihr strenges Sakko auszuziehen, dann langsam ihre Bluse zu öffnen. Während sie ungerührt die nächste Nachricht vom Erdbeben in Japan verliest, haben Sie einen ungetrübten Blick auf ihren schwarzen Spitzen-BH, dessen Träger nun langsam von ihren Schultern rutschen ...

Auf der Website www.nakednews.com werden Nachrichten anders präsentiert. Das mag nicht unbedingt den Geschmack von jedermann und -frau treffen, aber immerhin den eines Millionenpublikums. Was die in Toronto produzierte Show, die 1999 startete, anders macht als die Tagesschau, sind nicht die Inhalte, sondern die Moderatorinnen: Diese entledigen sich beim Verlesen der News Stück für Stück ihrer Kleidung.

Naked News sendet täglich ein Unterhaltungsnachrichten- und Tagesereignispro-

Abbildung 22: Naked News: Das CNN der Praline-Leser

gramm. Damit erreichen die Nackt-Nachrichten wöchentlich ein potenzielles Publikum von 34 Millionen in den USA, plus mehrere Millionen in Großbritannien, Australien und in mehr als 170 weiteren Nationen.

Naked News, ein King-Size-Ferienclub, der Nackt-Flieger Naked-Air, ein Unternehmen, das Nudisten-Kreuzfahrten anbietet: die Kreativität findiger Unternehmer scheint Kapriolen zu schlagen. Aber so skurril und verrückt die Beispiele wirken, sind sie doch auch sehr pfiffig! Sie zeigen, wie wichtig Fokussierung ist: Wer alles für alle sein will, also auf vielen Märkten und für viele Zielgruppen eine Vielzahl von Leistungen anbietet, unterliegt immer der Gefahr, allenfalls durchschnittlich zu sein. Wer aber ein Produkt oder eine Dienstleistung auf ein ganz spezifisches Segment zuschneidet, kann aufgrund dieser Fokussierung extrem erfolgreich sein.

Menschen mit den Körperproportionen eines Ottfried Fischer, besser bekannt als der Bulle von Tölz, haben es nicht leicht. Denn obwohl Fischers TV-Figur trotz – oder wegen – seines enormen Dickschädels und seiner bierseligen Körpermaße auch die schwierigsten kriminalistischen Fälle in unnachahmlich bajuwarischer Weise löst, ist das wirkliche Leben oftmals gar nicht mehr so gemütlich. Das gilt insbesondere dann, wenn man sich zu einem Strandurlaub entschließt und pausenlos die neugierigen und abschätzenden Blicke durchtrainierter Strandnachbarn auf sich gerichtet spürt. Ein cleverer Hotelier sah darin seine Chance – und eröffnete in Cancun/Mexiko den ersten Strandclub für korpulente Menschen. Im „Freedom Paradise" sind die Besucher ganz unter sich. Eine einfache, aber sehr erfolgreiche Fokussierung. Der King-Size-Ferienclub differenziert sich objektiv in fast nichts von den anderen Hotels in Cancun. Allein durch die Positionierung wird er einzigartig, hat bessere Auslastungsraten und bekommt kostenlose PR auf der ganzen Welt ... jetzt sogar in diesem Buch! Dabei ist die Idee so genial wie einfach.

Beim Nackt-Flieger Naked-Air ist es ähnlich, wenn auch etwas skuriller: Das Unternehmen bietet als erstes Unternehmen Nacktflüge auf ausgewählten Strecken an – und das ausgesprochen erfolgreich: Alle Flüge sind Wochen im Voraus ausgebucht. Durch die klare Besetzung der Nische hat man sich von Konjunktur und Branchenkrisen unabhängig gemacht. Es besteht auch keine Gefahr, dass etablierte Anbieter auf diesen Markt stürmen werden. Und: Man profitiert zusätzlich von der Mund-zu-Mund-Propaganda innerhalb der Zielgruppe!

Da erscheint die Idee, mit einem Kreuzfahrtschiff voller FKK-Anhänger durch das Mittelmeer zu fahren, gar nicht mehr so abwegig. Die erste europäische Nudisten-

Kreuzfahrt startete im Jahr 2004 von Barcelona aus zu einer Kreuzfahrt nach Ibiza, Ajaccio, Nizza und wieder zurück nach Barcelona. Sicher nicht die größte Zielgruppe der Welt – aber raten Sie mal, wie viele Teilnehmer sich schon für diesen ersten Nudisten-Trip zusammenfanden: 50? 100? 250? Rund 450 Teilnehmer aus 17 Ländern! Der älteste Teilnehmer war 74, der jüngste gerade einmal zwei Wochen alt.

Und wieder zeigt sich, wie ein Unternehmen einen eigenen Markt geschaffen hat: nicht Kopf an Kopf mit Etablierten, sondern geschickt in einer Nische, die für die Großen uninteressant ist.

Business-Querdenk-Box:
Wir haben eine Unternehmenspersönlichkeit und eine Marktnische definiert. Wir wollen amüsieren, überraschen, unterhalten.

Herb Kelleher, Chairman und CEO, Southwest Airlines

Seien Sie mutig und suchen Sie sich eine Nische oder bauen Sie diese sogar selbst auf! Dazu müssen Sie sich schleunigst selbst die wichtige Frage stellen:

Was ist unser Alleinstellungsmerkmal (USP)?

✳ Wofür steht unser Unternehmen?

✳ Was können wir besser als der Wettbewerb?

✳ Was begeistert unsere Kunden und unsere Mitarbeiter?

Warum die Frage nach der Begeisterung der Mitarbeiter? Erst wenn jeder Mitarbeiter verstanden hat, was die Stärken seines Unternehmens sind, ist langfristiger Erfolg möglich. Denn um sich aus der schier unendlichen Vielfalt der Anbieter und Produkte hervorzuheben, brauchen Unternehmen – ebenso wie jeder Mensch – eine eigene Identität. Und erst wenn sie intern konsequent gelebt wird, kommt die Botschaft auch beim Kunden an!

Denken Sie an die Schokoladenmanufaktur des steirischen Schokoladen-Handwerkers Josef Zotter oder den Reiseveranstalter Grabowski-Tours, der sich auf Reisen für Behinderte und Nichtbehinderte spezialisiert hat. Das Motto: Eine Nische, die zu klein ist, gibt es nicht.

Produkte

„Wir kennen die Bedürfnisse unserer Kunden und bemühen uns, diese zufrieden zu stellen." Was vor zwanzig Jahren noch ein echtes Wertversprechen für Kunden war, lockt heute keinen Hund, pardon *Kunden*, mehr hinter dem Ofen hervor. Wer heutzutage die Kundenbedürfnisse befriedigt, überlebt gerade so. Kunden sind anspruchsvoller, aggressiver, ungeduldiger und scharfsinniger als je zuvor und – schlimmer noch – sie haben auch mehr Auswahl als jemals zuvor.

Nicht mehr das Unternehmen verkauft, sondern die Kunden entscheiden, was sie kaufen. Auf den ersten Blick wirkt dies wie eine Spitzfindigkeit – aber in Wirklichkeit verdeutlicht es die größte Herausforderung für Anbieter in der heutigen Zeit. Es bedeutet nämlich nichts anderes, als dass das Produkt den Kunden gefallen und von ihnen – aus welchen Gründen auch immer – favorisiert werden muss!

Nachdem wir uns in den ersten beiden Kapiteln mit innovativen Geschäftsstrategien und neuen Absatzmärkten auseinandergesetzt haben, geht es in diesem Kapitel um den Kern unserer Tätigkeit: Produkte, Services und Leistungen, die wir den Kunden anbieten.

Die Überschrift spricht schlicht von „Produkten", dahinter verbirgt sich jedoch ein komplexes Gefüge von materiellen und immateriellen Eigenschaften des Angebots. Dieses Gefüge reicht von der Funktionalität über das Design bis hin zu zusätzlichen Serviceangeboten und nicht zuletzt zu den emotionalen Faktoren, die durch die Werbung und die Einflüsse der „Community" bestimmt sind.

Auch wenn Sie im Dienstleistungsbereich tätig sind, ist dieses Kapitel wichtig für Sie: Die Grenzen zwischen physischem Angebot und Dienstleistung verschwimmen immer mehr. Kaum ein Produkt ohne zusätzliche Serviceversprechen – ja: häufig besteht der eigentliche Unterschied aus Sicht der Kunden nur noch im Service und in der Marktpositionierung. Als Dienstleister erfahren Sie anhand unserer Beispiele, wie Sie Ihr Serviceangebot innovativer gestalten können. Selbst Designfragen können für Dienstleister von entscheidender Bedeutung sein – lassen Sie sich überraschen!

Um echte Innovationen voranzutreiben, müssen Sie mutig und unkonventionell sein, eben Business-Querdenken praktizieren. Und wenn Sie sich zum Ziel gesetzt haben, mit neuen und unkonventionellen Leistungsangeboten auf den Markt zu kommen, werden Sie die Ideen dafür kaum durch intensive Wettbewerbsbeobachtung und eingehende Lektüre von Fachzeitschriften Ihrer Branche finden – denn das Wissen, das Sie dort sammeln, macht Ihr Unternehmen, Ihre Produkte allenfalls zu guten Kopien Ihres Wettbewerbsumfelds, Sie werden dadurch aber nicht zu einem Business-Querdenker. Und noch etwas: Um als echter Querdenker in der Lage zu sein, mit innovativen und coolen Produkten auf den Markt zu kommen, müssen Sie über die Fähigkeit verfügen, anders zu werden und sich ständig zu erneuern. Aber um anders *sein* zu können, müssen Sie zuerst anders *denken*. Das ist der Grund dafür, warum es in diesem Buch ebenso um das Denken wie um das Handeln geht.

Produkt-DNA: Stellen Sie bestehende Produktkonzepte in Frage

Egal, in welcher Branche wir tätig sind, wir können jedem jederzeit genau erklären, warum unser Produkt so ist, wie es ist, und vermutlich auch, warum es nicht anders sein kann. Wir haben eine ganze Reihe von vorgefertigten Auffassungen, Meinungen und „unumstößlichen" Prinzipien, wie unsere Branche strukturiert ist, wie der Wettbewerb aussieht und wer die Kunden sind. Natürlich glauben wir auch zu wissen, welche Produkte die Kunden wollen und welche sie nicht wollen.

 Die meisten Angehörigen einer Branche sind auf die gleiche Weise blind – sie achten alle auf die gleichen Dinge und sind den gleichen Dingen gegenüber blind. *Gary Hamel, Strategie-Guru*

Bestätigt werden diese unumstößlichen Einstellungen durch die Informationen, die wir von Kollegen, Wettbewerbern, der Fachpresse oder auf Konferenzen erhalten. In schöner Eintracht werden diese Veranstaltungen von immer denselben Menschen einer Branche besucht, werden dieselben Bücher und Zeitschriften gelesen und natürlich schaut man sich gegenseitig auf die Finger und kopiert in schöner Regelmäßigkeit jeden halbwegs neuen Ansatz der Wettbewerber. Dieses „Branchenwissen" bestimmt nun die Bandbreite und die Wahrscheinlichkeit des Handelns der Manager. Es ergibt sich daraus eine Grenze oder ein Rahmen für das innovative Denken einer Firma, für die Art der Ideen, die überhaupt als „zulässig" angesehen werden, für die Wahl der Instrumente zur Umsetzung der innovativen Ideen und vieles mehr.

Und so wird der Blick auf die Welt durch die Brille der eigenen Branche, die Akzeptanz der vermeintlich unumstößlichen Branchenregeln und alle damit zusammenhängenden Auffassungen und Meinungen zu einer Art Zwangsjacke, die die Wahrnehmungsfähigkeit dieser Unternehmen auf einen bestimmten Ausschnitt der Wirklichkeit beschränkt.

Und das Management? Man lebt in diesem Rahmen und weiß im Großen und Ganzen nicht, was außerhalb dieser selbst gesteckten Grenzen liegt.

Der Trick – dessen Umsetzung für Insider viel schwerer ist, als es sich anhört – ist nun, die geistigen Fesseln dieses Produktkonzeptes zu sprengen und sich zu fragen: „Warum ist das eigentlich so?", „Muss das tatsächlich so sein?" und „Stimmt das, was wir über unser Produkt denken, überhaupt?"

Paradoxerweise wird die Fähigkeit zu vergessen – einmal Gelerntes wieder beiseite zu legen – in einer Geschäftswelt, die sich mit Lichtgeschwindigkeit verändert, zu einem entscheidenden Erfolgsfaktor.

Jonas Ridderstråle, Autor des Buches „Funky Business"

Business-Querdenk-Regel 8:
Produkt-DNA: Stellen Sie bestehende Produktkonzepte infrage!

Konventionelles Denken: Sie akzeptieren bestehende Produktkonzepte und versuchen Ihr Leistungsangebot innerhalb dieser Grenzen zu optimieren.

Business-Querdenken: Hinterfragen Sie gängige Produktkonzepte und eröffnen Sie sich vollkommen neue Spielräume für innovative und begeisternde Leistungsangebote!

Nehmen Sie beispielsweise James Dyson, den Mann, der den Staubsauger neu erfunden hat. Hätte Dyson die zuvor beschriebene Einstellung der vorgefertigten Auffassungen, Meinungen und „unumstößlichen" Prinzipien, wie ein Staubsauger auszusehen und zu funktionieren hat, verinnerlicht, hätte er sich vermutlich niemals an diese monumentale Aufgabe gewagt. Er hätte vermutlich das gedacht, was alle Staubsaugerhersteller auch gedacht haben, nämlich: „Wenn ein besserer Staubsauger möglich wäre, dann hätten Miele, Siemens oder Electrolux ihn längst erfunden." – Genau diesem Denken ist Dyson nicht gefolgt; vielmehr ähnelt sein Herangehen dem eines „genialen Spinners".

Althergebrachtes muss nicht immer gut sein

Die Tatsache, dass sich niemand zuvor an die Neuerfindung des Staubsaugers gewagt hatte, war für Dyson kein Hindernis, sondern vielmehr eine offene Einladung. Und er verfügt über noch eine wichtige Eigenschaft: Er ist ein rastloser Geist, dem der Status quo ein Gräuel ist. Initialzündung für die Erfindung einer völlig neuen Staubsaugertechnologie war die eigene Unzufriedenheit mit herkömmlichen Produkten: James Dyson empfand es als Zumutung für den Kunden, dass handelsübliche Staubsauger bereits kurz nach dem Wechsel des Staubsauberbeutels massiv an Saugkraft verlieren; die Industrie verkaufte also seit Jahrzehnten Produkte, die gar nicht richtig funktionieren!

Vielleicht denken Sie jetzt: Meine Güte, diese Sorgen möchte ich auch haben. Wenn das alles in seinem Leben ist, was ihn beschäftigt, dann ist James Dyson ein glücklicher Mann. Sie müssen als Hintergrundinformation dazu wissen, dass Dyson sich im Jahr 1978, dem Jahr also, in dem er sich so sehr über den Staubsauger ärgerte, hauptberuflich mit dem Design und der Entwicklung von Gartengeräten beschäftigte. Dieses Geschäft war leider finanziell nicht sehr erfolgreich. Sorgen hatte er

Abbildung 23: Dyson-Staubsauger: Beutelloses Saugvergnügen

also mehr als genug. Aber Dyson ist eben auch ein Querdenker, der den Dingen auf den Grund gehen will. Nachdem er also festgestellt hatte, dass das Wechseln der Staubsaugerbeutel die Saugleistung nur für kurze Zeit verbesserte, schnitt er den Staubsaugerbeutel auf, um die Ursache zu erforschen. Rasch fand er den Kern des Problems heraus: Die feinen Poren des Staubsaugerbeutels haben die Aufgabe, den Staub im Beutel zu halten und die angesaugte Luft durchzulassen. Der Staub verstopft jedoch die Poren, das ungehinderte Durchströmen der Luft ist dadurch nicht mehr gewährleistet. Wenn der Luftstrom aber blockiert ist, lässt die Saugkraft des Staubsaugers stark nach.

Die Erkenntnis: Nur weil die Staubsaugerindustrie ihre Sauger schon seit hundert Jahren mit Beuteln ausrüstet, bedeutet das noch lange nicht, dass dies auch der richtige Ansatz war. Er folgte also genau dem Prinzip, das Kurt Tucholsky schon so pointiert beschrieb: „Traue keinem Fachmann, der sagt, das mache er seit 20 Jahren so, es könnte sein, dass er es seit 20 Jahren falsch macht!"

Der VIP unter den Flusenkillern

Derartig motiviert, entwickelte Dyson einen Staubsauger, der ungleich besser funktioniert als alle anderen Staubsauger – und das ganz ohne Staubbeutel. Der traditionelle Staubbeutel wurde durch zwei Zyklonkammern ersetzt, die nicht verstopfen können. Der äußere Zyklon wirbelt groben Schmutz aus der Luft, der innere Zyklon beschleunigt die Luft noch stärker, damit auch feinste Staubpartikel aus der Luft geschleudert werden. Aufgrund dieser einzigartigen Technologie wurden Dysons Staubsauger in kürzester Zeit zum Marktführer in Großbritannien, und – das ist die gute Nachricht für James Dyson: Er erwirtschaftet heute mit seinen Innovationen Millionenumsätze. Zum Kundenkreis für den beutellosen Sauger gehören zum Beispiel auch Sarah Jessica Parker, Sharon Osbourne, Elton John, Kylie Minogue, Tony Blair und die Queen. Bei Letzteren ist allerdings verbürgt, dass sie saugen lassen. Wenn Sie denken, dass James Dyson nun zurückgezogen in seinem Haus auf den Bermudas lebt, dort seine Millionen und sein Leben als reicher Nichtstuer genießt, dann liegen Sie falsch. Er ist und bleibt ein rastloser Tüftler. Die Aussage „Ich mag deine Staubsauger, aber wann wirst du einen erfinden, den man nicht mehr schieben muss?" war der Auslöser für die Entwicklung des Dyson DC06 Roboter-Staubsaugers, der nicht nur gründlich reinigt, sondern dies auch selbstständig und systematischer tut als ein Mensch. Und da der Mensch nicht nur staubsaugen, sondern ab und zu auch mal seine Wäsche waschen muss, hat Dyson gleich eine neue Erfindung parat: die Dyson-Waschmaschine. Mit den Bewegungsabläufen der Handwäsche als Vorbild, konstruierten die Dyson-Ingenieure eine innovative Waschmaschine mit zwei Trommeln, die gleichzeitig in entgegengesetzter Richtung rotieren. Im Jahr 2000 wurde der Dyson Contrarotator auf dem britischen Markt eingeführt: die erste Waschmaschine mit zwei entgegengesetzt rotierenden Trommeln. Da der Contrarotator Schmutz effektiver entfernt, kann er Wäsche rascher und in größeren Mengen waschen und die Wäsche wird überdies viel sauberer als mit herkömmlichen Waschmaschinen.

Was Dyson als Nächstes plant? Wir wissen es nicht, aber wir sind sicher, dass er schon das nächste Haushaltsgerät im Visier hat und nach Innovationsansätzen sucht. Getreu dem Motto:

✳ Akzeptieren Sie nicht, wenn Sie hören: *Das geht nicht anders* und *das machen wir schon immer so*! Das sind Signalworte, die Sie hellhörig werden lassen sollten.

✳ Ändern Sie, was Sie selbst an der bestehenden Lösung ärgert!

Innovationen mit Überraschungseffekt: Das stille Örtchen neu erfunden

Nun haben wir erfahren, dass man ein Produktkonzept infrage stellen und es gleich, sozusagen im nächsten Schritt, neu erfinden kann. Das hat bei Staubsaugern und Waschmaschinen funktioniert, aber gelingt das auch mit einer Toilette? Toiletten sind in der Regel standardisierte Produkte, die vor allem einen einzigen Zweck haben. Innovationen in diesem Bereich sind eher die Ausnahme und als einige Restaurants WCs mit selbstreinigender Toilettenbrille installierten, war das schon eine Sensation.

Wie man das Produktkonzept einer Toilette neu erfinden kann, erfahren Sie bei einem Besuch in Japan. Dort liebt man Toiletten. Genauer: Luxustoiletten. Japan ist so besessen von Toiletten, dass es sogar spezielle Stadtpläne mit Namen wie „Tokios Hintern-Himmel" gibt, die verraten, welche Hotels, Shops und Restaurants die besten WCs bieten.

Für den ausländischen Gast in Japan ist es zwar erst einmal gewöhnungsbedürftig, vom WC freundlich begrüßt zu werden und ein Instrumentenpanel vorzufinden, das eher an die Steuerung einer Boeing 747 erinnert als an eine Toilette. Aber Japans High-Tech-WCs sind echte Innovationsriesen. Während anderen Herstellern nicht viel mehr einfällt als das Design zu ändern oder die Toilette statt in der üblichen Farbe Weiß mal in Beige, Hellblau oder Mintgrün anzubieten, übertreffen sich Toto und Intax, Japans größte Produzenten von Toiletten, gegenseitig. Die Toiletten dieser beiden Hersteller, die zusammen über 90 Prozent des Marktes kontrollieren, punkten nicht nur mit beheizten und in der Temperatur regelbaren Sitzen, sie eliminieren unangenehme Gerüche automatisch durch Umwälzanlagen und Filter und verpassen dem Hinterteil des Benutzers eine – natürlich in Stärke und Temperatur regelbare – Dusche. Der rotierende Strahl der Waschfunktion soll gegen Hämorrhoiden helfen und Ärzte empfehlen die Toiletten mit eingebauter Wasser-Massage gegen Verstopfung. Wem das noch nicht reicht, der kann zwischendurch auch noch eine Körperfett-Analyse oder einen Urintest durchführen lassen. So hat Toto gerade für Diabetiker ein Modell zum Messen des Blutzuckerspiegels entwickelt. Langfristig sollen Toto-Toiletten ein ganzes Arsenal medizinischer Tests enthalten. Datenschützer fürchten gar, dass die Polizei in öffentlichen Gebäuden WCs installieren lassen könnte, die automatische Drogentests durchführen. Was für ein Markt für Toto!

Die Definition eines lausigen Produkts: Es hat keine Feinde in der Firma

Das Beispiel zeigt, dass ein simples Produkt zum Innovationsträger werden kann, für das die Käufer tief in die Tasche greifen: Toiletten von Toto kosten bis zu 3.000 Dollar, besonders ausgefeilte Modelle noch mehr. Wenn es die Japaner schaffen, aus einem solchen Produkt ein kultiges Objekt mit entsprechendem Preis zu machen, welche Ausrede haben Sie dann noch, es mit Ihrem Produkt nicht zu versuchen?

 **Denken Sie Revolution, nicht Evolution.**
Richard Sullivan, Home Depot

Abbildung 24: Gesundheits-Check auf dem Online-Klo: Toto-Toiletten können mehr!

Egal, wie alltäglich die Produkte oder Dienstleistungen Ihres Unternehmens auch sein mögen, sie müssen vom Gefühl der permanenten Innovation durchdrungen sein. Die Fragen „Warum ist das eigentlich so?" und „Muss das tatsächlich so sein?" sollten selbstverständliche Werkzeuge im Alltagsgeschäft werden. Diese grundlegende Einstellung zum Querdenken, die alle Mitarbeiter verinnerlichen müssen, erreichen Sie nicht mit dem gut gemeinten Ruf nach „mehr Querdenken". Der Wille, den Status quo fortlaufend infrage zu stellen und jeden Tag aufs Neue nach guten Ideen außerhalb des Tellerrands der eigenen Branche zu suchen, ist nicht etwas, was Sie Ihren Mitarbeitern von oben herunter verordnen können, nach dem Motto: Los, jetzt sind wir alle mal Querdenker!

Querdenken bedeutet, Experimente zuzulassen. Aber – und das ist der entscheidende Nachteil von Experimenten: Sie sind riskant! Sie können damit Erfolg haben oder auch nicht. Ein Unternehmen, das Querdenken zulässt, muss eine hohe Fehlertoleranz haben. In gewisser Weise ist der Misserfolg sogar das Herz des Erfolgs.

Wenn Sie erfolgreich sein wollen, verdoppeln Sie Ihre Misserfolgsrate.
Thomas Watson sen., Gründer und ehemaliger CEO von IBM

Das Problem ist, traditionelle Unternehmen bieten nicht gerade jenes Umfeld, in dem man akzeptiert, dass man schneller Fehler machen muss, um schneller zu lernen und schneller Erfolg zu haben. Ganz im Gegenteil: Wenn Sie einen Fehler machen, droht die sofortige Verbannung in den firmeneigenen Archipel Gulag. Das Signal ist klar und deutlich: Fehler werden abgestraft. Das hält Mitarbeiter zwar nicht davon ab, auch künftig Fehler zu machen, es verhindert aber, dass zukünftig etwas Neues gewagt wird. Das ist der todsichere Weg, eine Unternehmenskultur aufzubauen, in der Innovation und Querdenken schon im Keim erstickt werden. Misserfolge und Fehlschläge sind der Königsweg zu Veränderung und Innovation und dürfen deshalb nicht abgestraft werden. Sie sind der Grundstoff, um daraus zu lernen und sie nicht ein zweites Mal zu machen. Jack Welch, der charismatische Ex-CEO von General Electric, hat einmal gesagt: „Ich habe Fehler honoriert, indem ich den Leuten Belohnungen gegeben habe, die Fehlschläge erlitten haben, denn sie haben Schwung in die Bude gebracht." Das bedeutet allerdings nicht, dass das Arbeiten bei GE ein kuscheliger Job ist, bei dem man ruhig auch mal nicht so gut drauf sein darf. Ganz im Gegenteil: Welchs Führungsstil war beinhart. Dennoch hatte er ein gutes Gespür für die weichen Faktoren. Er verwandte die meiste Energie und einen großen Teil seiner täglichen Arbeitszeit auf seine Mitarbeiter: „Wir wählen die Mitarbeiter aus und geben ihnen das Geld. Niemand bekommt zu hören, wie er irgendetwas im täglichen Geschäft anzustellen hat." Freiheit, Dinge auszuprobieren, und die Fähigkeit, schnell aus Fehlern zu lernen, sind noch heute wesentliche Kriterien im Führungsstil bei GE.

GE und andere innovative erfolgreiche Unternehmen zeigen, dass Unternehmen zu Brutstätten für Risikofreudige werden müssen. Dazu gehört eine Fehlerkultur, denn es ist eine Tatsache, dass wir die intensivsten Lernerfahrungen immer dann haben, wenn wir einen Fehlschlag erleiden und nicht, wenn wir Erfolg haben.
Davon dürfen Sie sich auch nicht von notorischen Schwarzsehern und Pessimisten abhalten lassen. Sie kennen es: Auf eine Innovation kommen hundert so genannte Spezialisten, die davor warnen. Angesichts der Erfindung des Buchdrucks klagten

die Mönche, dass die neuen Bücher viel anonymer als ihre persönlichen Abschriften seien. Die Eisenbahn, so befanden Skeptiker, könne schädlich für die menschliche Seele sein, und das Telefon würde zu einer fundamentalen Vereinsamung der Menschen führen, da sie das Haus nicht mehr zu verlassen bräuchten. Wenn wir stets auf diese professionellen Schwarzseher gehört hätten, würden wir vermutlich noch immer in einer dunklen Höhle kauern.

Damit wir uns nicht missverstehen: Wir wollen Sie nicht auffordern, jegliche Kritik von außen einfach zu ignorieren. Es geht uns vielmehr darum, Ihnen zu verdeutlichen, dass Sie eine solche Kritik zwar aufnehmen, aber auch mit einer gesunden Skepsis betrachten sollten. Anders ausgedrückt: Werden Sie immer dann besonders skeptisch, wenn Ihnen bei der Präsentation Ihrer neuen Idee Ihre ärgsten Kritiker zujubeln. Denn dann gilt, was der Nobelpreisträger Arno Penzias von den Bell Labs folgendermaßen ausdrückte: „Die Definition eines lausigen Produkts ist: Es hat keine Feinde in der Firma."

Dem Produkt neue Funktionen hinzufügen: Der Oral-B-Faktor

Etablierte Produktkonzepte müssen ständig infrage gestellt werden und die Suche nach dem Neuen und Andersartigen muss zur zweiten Natur werden. Eine Möglichkeit, das Produktkonzept infrage zu stellen, besteht darin, dem Produkt eine neue Funktion hinzuzufügen. Wie das geht, sehen Sie an der Zahnbürste. In den letzten zwanzig Jahren wurde das klassische Produkt „Stiel mit Bürste" nicht nur verbessert, sondern mit vielen zusätzlichen Funktionen ergänzt. Das Ergebnis: Man kann weit über 200 Euro für ein Dentalcenter mit Ultraschall-Reinigung und Munddusche ausgeben.

Doch das war nicht immer so: In den Siebzigern galt die elektrische Zahnbürste als das unnützeste Elektroprodukt aller Zeiten. Doch in den späten Achtzigern hatte Peter Hilfinger, heute Leiter der Forschungsabteilung bei Braun Oral-B, eine Idee, die so gut war, dass im Braun-Werk in Marktheidenfeld mittlerweile die fünfmillionste Batteriezahnbürste produziert wurde.

Hilfinger, ursprünglich Entwickler von Elektrorasierern, fragte sich, warum der Absatz von elektrischen Zahnbürsten eigentlich seit 20 Jahren dahindümpelte. Es fiel ihm auf, dass die gängigen Geräte nichts anderes taten, als die Bewegungen der

Hand zu reproduzieren: mit einem länglichen Bürstenkopf, der sich einfach nur hin- und herbewegte. „Und auf einmal", sagt er, „auf einmal wusste ich: Es muss ein runder Kopf sein. Ein Kopf, der eine Bewegung ausführt, die kein Mensch auf der Welt mit der Hand machen kann!" Tatsächlich, so einfach war das. Die Innovation war die Kreisbewegung. In weiteren Schritten wurde aus der kreisenden eine oszillierende Bewegung in sehr hoher Frequenz. Dazu kam ein weiterer Glücksfall: Die Zahnärzte empfahlen das Produkt ihren Patienten.

Kunden kaufen nicht Produkte, sondern Ergebnisse

Inzwischen besitzen über 30 Prozent der deutschen Haushalte eine Bürste mit eingebautem Motor. Mehr als die Hälfte davon trägt den Namen Braun Oral-B, eine Marke, die zum amerikanischen Traditionshaus Gillette gehört. Braun Oral-B konnte 2003 im stagnierenden Sektor Mundhygiene über eine Milliarde Euro allein in Deutschland umsetzen. Bei den elektrischen Bürsten waren die Zuwachsraten sogar zweistellig: mengenmäßig über 50, wertmäßig sogar 69 Prozent.
Und die nächste Produktgeneration steht schon in den Läden: Die Schallzahnbürste als ganz neue Waffe gegen Plaque. Die Schallwellen, so die Marketingstrategie, sollen ohne jeden Bürstenkontakt wirken. Sogar hochrangige Wissenschaftler schwärmen von den Qualitäten der Schallbürsten und sehen sie als Meilenstein in der Geschichte der Zahnhygiene. Der Kunde kann es kaum überprüfen und muss der Werbung vertrauen. Und die verspricht drei Reinigungsstufen für Zähne, Zahnfleisch und Zunge, ein hochfrequentes Putzsystem und vor allem: ein neues Konzept für eine umfassende Mundpflege. Wer kann dazu schon nein sagen?

Das Preis-Leistungsverhältnis infrage stellen: Billig-Operationen

Eine weitere Möglichkeit, das Produktkonzept infrage zu stellen, besteht darin, die in der Branche vorherrschenden Annahmen über das Preis-Leistungsverhältnis zu hinterfragen – und zu revolutionieren. Die Berliner Klinik für Minimal Invasive Chirurgie (MIC) zeigt, wie das funktionieren kann: Dort erhalten auch Patienten, die gesetzlich versichert sind, das sind immerhin rund 80 Prozent der MIC-Patienten, eine Vier-Sterne-Behandlung – und das nicht nur im OP-Saal.

Dieses Beispiel ist umso bemerkenswerter, als es aus Deutschland stammt und nicht aus den USA oder aus Singapur. Und es kommt aus einer Branche, die so heftigen Diskussionen ausgesetzt ist wie kaum eine zweite. Es geht also durchaus anders – auch im Krankenhaus- und Gesundheitswesen!

Geringe Liegezeiten, preisgünstige und zugleich profitable medizinische Eingriffe, zufriedene Patienten: In Deutschland scheint das unmöglich zu sein, glaubt man der Diskussion um die Gesundheitsreformen. Und doch: MIC-Patienten mit gesetzlicher Krankenversicherung erhalten eine Vier-Sterne-Behandlung: Gepäckservice aufs Zimmer, Essen im Bistro, eine Lounge, die zum Musikgenuss einlädt, und eine Terrasse zum Sonnenbaden sind in der 34-Betten-Klinik selbstverständlich. Auch kann man morgens ausschlafen, wird persönlich betreut und kann gar bei der Operation seine Lieblings-CD hören.

Klingt alles zu schön, um wahr zu sein – oder doch zumindest nach einem riesigen Verlustgeschäft. Aber die chirurgische Spezialklinik schreibt seit ihrer Öffnung im November 1997 Gewinne. Der „Trick": Durch den Einsatz modernster Technologien wird die Liegezeit im Krankenhaus auf ein Minimum reduziert – das spart enorme Kosten. Der Patient kommt erst drei Stunden vor der Operation und kann so schnell wie möglich wieder nach Hause. Durchschnittliche Aufenthaltsdauer: 1,7 Tage!

Zudem sind die Personalkosten in der als GmbH geführten Klinik um 30 Prozent geringer als bei der Konkurrenz in öffentlicher Hand. Ärzte und medizinisches Personal werden nur für die Behandlung eingesetzt, Verwaltungsaufgaben erledigt eine Stationssekretärin und das Essen wird von Hotelfachpersonal ausgeteilt. In öffentlichen Krankenhäusern verbringen hoch bezahlte Ärzte dagegen bis zu 40 Prozent ihrer Tätigkeit mit Verwaltungsaufgaben!

Dieses Beispiel zeigt, dass selbst in einer sehr starren, schwierigen Branche das gesamte Produktkonzept nicht nur infrage gestellt, sondern erfolgreich innoviert werden kann.

Naiv-innovativ: Werden Sie wie die Kinder

Kinder sind naiv. Sie wissen nicht, was möglich und was nicht möglich ist, und stellen daher viele Fragen: „Warum ist der Himmel blau?", „Warum ist Wasser nass?", „Warum kann man Luft nicht sehen?", „Wieso seid gerade ihr meine Eltern?" ... Erwachsene dagegen sind klug, sie wissen, was möglich und was nicht möglich ist.

**Abbildung 25: Für den verwöhnten Gaumen: Das Restaurant Ikarus im Hangar 7
des Salzburger Flughafens**

Und sie wimmeln diese Kinderfragen mit „Das ist eben so" ab. Doch gerade diese
naive Haltung, dieses ständige Fragen nach dem „Wieso", „Weshalb" und „Warum"
zeichnet Querdenker aus.

Sind Querdenker deshalb naiv? Nein, sie haben nur gelernt, sich eine kindliche Neu-
gierde zu bewahren und mit großer Unvoreingenommenheit die Dinge zu hinterfragen.

Eckart Witzigmann zum Beispiel, als „Koch des Jahrhunderts" ausgezeichnet, hat
sich diese unvoreingenommene Sichtweise bewahrt! Die Antwort auf seine Frage
„Warum steht in einem Restaurant eigentlich immer der gleiche Koch hinter dem
Herd?" war nicht: „Weil das eben so ist." Die Frage war vielmehr der Grundstein für
ein innovatives Gastronomieangebot: das Restaurant Ikarus im Hangar 7 des Salzburger Flughafens. Die Innovation: Jeden Monat kocht ein neuer Spitzenkoch. Der
Jahresplan ist im Internet unter www.hangar-7.com nachzulesen.

Fragen bringen Sie weiter:
Von Hörgeräten und Krediten

Die britische Drogeriekette Boots hat ebenfalls eine interessante Antwort auf eine unvoreingenommene Frage gefunden: Warum müssen die Batterien in Hörgeräten gewechselt werden? Die Antwort: Man vertreibt in Großbritannien nun Hörgeräte zum Wegwerfen. Ökologisch vielleicht bedenklich, für manche Kunden aber ein Segen, da sie einen Batteriewechsel nur vom Fachmann vornehmen lassen können und dies viel zu selten machen lassen, also zeitweise nicht optimal hören, weil die Batterieleistung nachlässt.

Und in den USA haben findige Unternehmer eine ganz neue Geschäftsidee auf der scheinbar paradoxen Frage aufgebaut: Warum können die Vorteile der Digitalfotografie – die Fotos können vorab betrachtet und bei Nichtgefallen gelöscht werden – nicht mit dem Prinzip der billigen Einweg-Kameras verbunden werden? Die Antwort: Die ersten Einweg-Digitalkameras sind auf dem Markt: Ist der Speicher voll, wird die gesamte Kamera eingeschickt, die Abzüge der Bilder sind im Kaufpreis enthalten, die Geräte werden wiederaufbereitet.

Und noch eine unvoreingenommene Frage, diesmal aus dem Bereich der Banken: Warum muss die Entscheidung über eine Kreditvergabe immer Tage oder sogar Wochen auf sich warten lassen? Die Norisbank hat auf diese Frage eine Antwort gefunden: Ein Privatkunden-Kredit kann nun binnen 30 Sekunden beantragt werden, sogar per PC über das Internet. Der Rechner entscheidet über die Vergabe, ein automatisches Scoring-System übernimmt die Risikokontrolle. easyCredit, so der Produktname, ist ein riesiger Erfolg und hat die Hemmschwelle für einen Kreditantrag bei vielen Kunden drastisch gesenkt.

All diese Beispiele zeigen, dass gerade sehr selbstverständliche Produkte und etablierte Geschäftskonzepte großen Raum zum Umdenken bieten, wenn man nur kreativ genug ist. Dabei können nicht nur physische Produkte, sondern auch Dienstleistungen und Prozessabläufe komplett verändert werden. Unvoreingenommene, naive Fragen sind der Schlüssel, der die Tore zu ganz neuen Produktkonzepten öffnet. Denn diese Fragen machen eine kluge Antwort erforderlich.

Business-Querdenk-Box:

Du siehst Dinge und du fragst: warum? Ich aber sehe Dinge und ich frage: warum nicht?

George Bernhard Shaw, irischer Schriftsteller und Literaturnobelpreisträger

Egal, wie alltäglich die Produkte oder Dienstleistungen Ihres Unternehmens auch sein mögen, sie müssen vom Gefühl der permanenten Innovation durchdrungen sein. Die Fragen „Warum ist das eigentlich so?" und „Muss das tatsächlich so sein?" müssen zu selbstverständlichen Werkzeugen im Alltagsgeschäft werden. Hinterfragen Sie gängige Produktkonzepte und eröffnen Sie sich vollkommen neue Spielräume für innovative und begeisternde Leistungsangebote!

Denken Sie an James Dyson, den Mann, der den Staubsauger neu erfunden hat, oder an den Toilettenhersteller Toto, der die Vorstellung vom typischen „stillen Örtchen" revolutioniert hat. In allen Märkten und Branchen finden sich Beispiele solch innovativer Business-Querdenker, die gängige Produktkonzepte erfolgreich hinterfragt und damit scheinbar unumstößliche Branchenregeln auf den Kopf gestellt haben.

Design Matters: Begreifen Sie Design als Wettbewerbsfaktor

„Der Mann ist verrückt!", „Feuert ihn sofort!", „Stoppt Chris Bangle und erlaubt nicht, dass er noch mehr von euren schönen BMWs ruiniert" – mit solcher oder ähnlich drastischer Kritik forderten Autofahrer aus aller Welt BMW auf, seinem Chefdesigner Chris Bangle zu kündigen. Der Grund für die Emotionsausbrüche: das umstrittene Design der neuen 7er-Baureihe. Nachdem der neue 7er BMW im Jahr 2002 auf den Markt kam, erhielt BMW via Internet oder per Post zu Hauf solche Unmutsäußerungen empörter BMW-Fans.

Für die einen ist Bangle der „Zeichner des Teufels" – und für die anderen ein Design-Gott. Eines wird am Beispiel BMW klar: Design polarisiert – und es ist definitiv ein Weg, um Produkte, in diesem Fall die eher unauffällige 7er-Baureihe, wieder ins Gespräch zu bringen. Fakt ist: Obwohl so mancher BMW-Fan im ersten Sturm der Aufregung mit tatkräftigen Vorschlägen reagierte – „Kauft ihm ein Ticket nach Indien, damit er für Tata (indische Automarke) arbeiten kann. Die haben kein Design, das man ruinieren kann!" –, steht inzwischen fest: Das neue Design bescherte den Münchnern gute Verkaufszahlen.

Business-Querdenker erkennen: Design ist weit mehr ist als ein Arbeitsschritt, der sich auf das Verschönern von Produkten beschränkt. Unternehmen wie der HiFi-Hersteller Bang & Olufsen, dessen Position gegenüber der Konkurrenz wesentlich auf dem Design seiner Produkte beruht, oder die Automobilhersteller Audi, VW, BMW, Porsche und Mercedes Benz – sie alle sind der lebende Beweis für die Kraft und die Wirkung von Design. Oder nehmen Sie das Unternehmen Braun, dessen Produkte mittlerweile im New Yorker Museum of Modern Art stehen. Bereits seit 1955 prägt das innovative Braun-Design die Produkte und war das Fundament für den Erfolg und das Image des Unternehmens. Oder die Bürostuhlhersteller Vitra und Wilkhahn, die Heizkesselproduzenten Viessmann und Buderus – sie alle beweisen, dass Design zum Rückgrat der gesamten Unternehmensstrategie und zum wichtigen Erfolgsfaktor für ein Produkt oder eine Dienstleistung werden kann: Design schafft die Verbindung zu Leidenschaft, Gefühl und Verbundenheit und ist daher die Basis für emotionale Differenzierung.

Business-Querdenk-Regel 9:
Design Matters: Begreifen Sie Design als Wettbewerbsfaktor!

Konventionelles Denken: Ihr Fokus liegt auf Ihren Produkten und deren Funktionen – Design ist der letzte Arbeitsschritt, der sich auf das Verschönern von Produkten beschränkt.

Business-Querdenken: Nutzen Sie gezielt außergewöhnliches Design als Differenzierungs- und Erfolgsfaktor. Design von Produkten, Verpackungen und Verkaufsstellen wird so zu einem expliziten Bestandteil Ihrer Unternehmensstrategie!

Design entscheidet

Sony hat es verstanden! Der ehemalige Präsident und CEO Norio Ohga sagt: *Wir von Sony gehen davon aus, dass alle Produkte unserer Mitbewerber mehr oder minder die gleiche Technologie, den gleichen Preis, die gleiche Leistung und die gleichen Eigenschaften aufweisen. Design ist das Einzige, was ein Produkt von dem anderen auf dem Markt unterscheidet.*
Kartell Möbel hat es verstanden! Möbel aus Hartplastik in Top-Design werden zu Bestsellern und verschaffen dem Unternehmen Wachstum in einem rückgängigen Markt. Kartell-Design verkörpert kompromisslos das Moderne und Top-Designer wie Philippe Starck tragen dazu bei.
Die Autohersteller haben es verstanden – und entdecken das Thema Design neu. Nach Jahren der Gleichförmigkeit, in denen praktische, aber optisch einfallslose Massenmobile das Straßenbild bestimmten, setzen die Konzerne wieder auf mehr Extravaganz – nicht zuletzt auf Grund des Wettbewerbsdrucks. „Es gibt heute keine wirklich schlechten Autos mehr", sagt Othmar Wickenheiser, Leiter des Internationalen Design-Zentrums in Berlin. „Deshalb wird das Design mehr und mehr zum einzigen Diversifikationsmerkmal." Und die Autohersteller setzen diese Maxime um: Renault etwa mit Modellen, die mit sehr gewagtem Design punkten und sich damit deutlich von anderen Wettbewerbern abheben.

Design fürs Herz

Bei Renault waren die Widerstände gegen das gewagte Design im Unternehmen selbst eher gering – das mag daran liegen, das Renaults Chefdesigner Patrick le Quément weltweit als einziger Designer Sitz und Stimme im Vorstand hat. Längst haben auch andere Konzerne Design als entscheidenden Wettbewerbsfaktor erkannt. So will Chrysler nach Milliardenverlusten durch „aufregende Produkte" aus der Misere herauskommen. Die US-Autolegende Bob Lutz, Motor des Chrysler-Aufschwungs zu Beginn der Neunzigerjahre, heuerte im Alter von 69 Jahren nochmals beim einstigen Konkurrenten General Motors an und verspricht den Kunden „Autos zum Verlieben". Und sogar die deutsche Traditionsmarke Opel, eher der Inbegriff von Betulichkeit und Langeweile, wirbt mit „frischem Denken" und hat dem Mittelklassemodell Vectra und dem Kompaktwagen Astra einige markante Linien und ein für Opel-Verhältnisse äußerst schnittiges Äußeres verpasst.

Ein neues Modell darf geliebt oder gehasst werden – nur Gleichgültigkeit darf nicht aufkommen. „Es reicht heute nicht mehr, nur den Intellekt der Kunden anzusprechen", sagt Opel-Chefdesigner Hans Seer. „Wir müssen ihre Herzen erobern."

Die Strategie ist bei allen Herstellern ähnlich: Design hat nicht nur mit Verschönerung zu tun, sondern wird zu einem besonderen Wettbewerbsvorteil und zum Diver-

Abbildung 26: Renault-Design: Spagat zwischen Masse und Avantgarde

sifikationsmerkmal. „Wir waren jahrelang auf der Suche nach einer eigenen visuellen Sprache, die unseren Oberklassemodellen eine Identität gibt", so Renaults Chefdesigner Le Quément im Interview mit der Wirtschaftswoche. Die eigene Identität war auch bitter nötig: Jahrelang hat man im Wesentlichen die Luxusmodelle von Mercedes und BMW kopiert, um ihnen anschließend chancenlos hinterherzufahren. „Natürlich gehen wir damit Risiken ein", gibt Le Quément unumwunden zu. „Aber ein noch größeres Risiko wäre es gewesen, überhaupt kein Risiko einzugehen."

Design als Gesamtkunstwerk

Gutes Design beruht auf bestimmten Grundsätzen und verfolgt klare Ziele. Aber man muss noch einen weiteren Aspekt berücksichtigen: Es muss nämlich nicht immer das Produkt selbst Gegenstand des innovativen Designs sein. Vielmehr lassen sich drei große Bereiche unterscheiden:

✱ **Produktdesign:** Hier steht tatsächlich das Produkt selbst im Mittelpunkt des Design-Prozesses. Natürlich ist häufig die Form des Produktes ein zentraler Punkt, der eine emotionale oder sogar funktionale Bindung ermöglicht. Aber was, wenn Sie Benzin verkaufen? Wollen Sie es grün färben, damit es ökologischer wirkt – oder rotgold, um mehr Power zu symbolisieren? Hier sind Ihre Möglichkeiten und die zu erzielende Wirkung begrenzt.

✱ **Verpackungsdesign:** Hierzu gehört die Verpackung im weitesten Sinn. Verpackungsdesign kann große Auswirkungen haben, und sogar „Non-Design" kann hier gewollt sein, um beispielsweise besonders günstige Produkte zu symbolisieren.

✱ **Verkaufsstellendesign:** Immer wichtiger wird auch die Gestaltung des Einkaufserlebnisses selbst. Viele Unternehmen richten Flagship Stores ein, um den Kunden eine in sich geschlossene Markenpräsenz bieten zu können. Und auch das Design von Bankfilialen, Supermärkten, Coffeeshops und Fastfood-Restaurants wird nicht dem Zufall überlassen.

Häufig findet man gerade bei erfolgreichen, innovativen Unternehmen eine Art Gesamtkunstwerk. Das heißt, Produkt, Verpackung und Verkaufsstelle werden aufeinander abgestimmt, um die optimale Wirkung zu erzielen. Achten Sie bei den kommenden Beispielen einmal darauf, wie hier Symbiosen geschaffen werden!

Übrigens: Egal, ob Industriegüter (B2B) oder Konsumgüter (B2C) – bewusstes Design ist immer wichtig! Lassen Sie sich nicht das Gegenteil weismachen: Design ist immer auch eng verbunden mit der Marke, den assoziierten Eigenschaften und dem Identifikations- und Wiedererkennungspotenzial. Und die sind für einen Erfolg im Industriegüterbereich ebenso wichtig wie in den Konsumgütermärkten.

Design-Symbiose mit Kultstatus: Möbel von Kartell

„Design steht heute vor Funktion und Preis an erster Stelle", sagt der japanische Architekt Kiyoshi Sakashita. Marken wie Braun, Alessi oder Bang & Olufsen, die unter ihren Käufern einen echten Kultstatus erreicht haben, bestätigen diese Aussage. Doch wie erreicht man einen solchen Kultstatus durch Design? Werfen wir einen näheren Blick auf den italienischen Möbelhersteller Kartell. Zum Sortiment des Unternehmens zählen Stühle, Sofas, Tische, Schubladensysteme, Bücherregale, aber auch Accessoires wie Schirm- und Zeitungsständer. Die Besonderheit: Alles ist aus Plastik, einem Werkstoff, der universell einsetzbar ist, stabil, dauerhaft und leicht zu verarbeiten.

Kartell nutzt Design als Kernbestandteil seiner Strategie und grenzt sich sehr deut-

Abbildung 27: Bang & Olufsen: HiFi, TV oder Kunst?

lich vom sonst auf dem Markt Üblichen ab. Innovative Formen, Farben und Verarbeitungsmöglichkeiten werden aus dem Fahrzeugbau, der Getränkebranche und vielen anderen Disziplinen entliehen oder, wenn es noch nichts Passendes gibt, selbst entwickelt. Doch Kartell geht noch weiter: Produktdesign, Corporate Design und Ladenbaudesign müssen eine Symbiose bilden. Die wichtigste Rolle spielen dabei die Designer und die Innenarchitekten.

Kartell setzt bei der Produktgestaltung auf Designer von internationalem Ruf wie Ron Arad oder Philippe Starck. Ziel: Jedes Hauptprodukt soll sowohl das Wesen des Unternehmens als auch den Geist des Entwerfers in sich vereinen. Jeder Designer hat sein persönliches Markenzeichen. Ron Arad zeichnet sich durch seine Vorliebe für geschwungene Linien aus, wie das Bücherregal „Bookworm" signalisiert. Antonio Citterio pflegt die übergreifende und elastische Zweckmäßigkeit, Piero Lissoni die Geometrie.

Der italienische Möbelhersteller, der 1976 kurz vor der Pleite stand und seitdem ein sagenhaftes Comeback erlebte, hat Design erfolgreich genutzt, um sich einzigartig im Markt zu positionieren: Kartell vereint Qualität und trendiges Design zu einem vernünftigen Preis-Leistungsverhältnis.

Emotionale Formensprache entwickeln: Apple forever

Business-Querdenker haben verstanden, dass zukünftig nur diejenigen Anbieter im Markt erfolgreich agieren werden, deren Produktangebot sich deutlich im Wettbewerb unterscheidet und in den Köpfen der Kunden als überlegen bewertet wird. Im Ringen um Differenzierung, Identifikation und Kundenbindung entwickelt sich Design zu einem zentralen Erfolgsfaktor.

 **Vor 15 Jahren herrschte Preis-Wettbewerb vor, heute ist es ein Qualitäts-Wettbewerb und morgen wird Design das entscheidende Wettbewerbskriterium sein.**

Robert Hayes, Professor an der Harvard Business School

Und noch eines wird deutlich: Produkte, die als Marken bestehen wollen, werden nicht mehr allein durch die reine Funktion überzeugen. Sie müssen vielmehr zu Erfüllungsgehilfen individueller und emotionaler Anspruchshaltungen werden.

Auch der Computerhersteller Apple hat verstanden, dass seine Kunden die Produkte nicht nur wegen der guten Rechenleistung kaufen. Design ist neben innovativen und leistungsstarken Produkten der entscheidende Erfolgsfaktor: Nehmen Sie beispielsweise den iMac. Apples Idee: Wir entwickeln einen Internet-PC, der preiswert, unkompliziert zu bedienen und gleichzeitig formschön ist. Gab es bis dato nur PCs, deren Außenhüllen entweder mausgrau oder zahngelb waren, so hatte Apple die wunderbare Idee, den Computer einfach in bunten Pastellfarben anzumalen. Eine Revolution, die noch niemand zuvor in der Branche gewagt hatte. Nach dem überwältigenden Erfolg des neuen iMac, der im August 1998 auf den Markt kam, wurde das neue Designkonzept auf alle neuen Produkte angewandt – und die Rechnung ging auf.

Apple hat es immer wieder verstanden, Designtrends für die gesamte Branche zu setzen. Das Apple-Designteam wurde wiederholt mit dem renommierten Industriedesign-Preis „Red Dot Award" als „Design Team of the Year" ausgezeichnet. Das differenziert Apple sehr deutlich von den Wettbewerbern in der PC-Branche, die immer noch konsequent die optischen Ansprüche der Benutzer ignorieren. Apple macht es anders und setzt auch mit dem neuen iMac G5, bei dem der gesamte Computer in einen Flachbildschirm integriert ist, einen Trend: schön und schnell gleichzeitig.

Und längst hat man nicht nur ansprechend designte Desktop-Rechner im Angebot, sondern auch den populären MP3-Player iPod und die Notebook-Reihen iBook und PowerBook. Hohe Produktqualität in Verbindung mit exklusiver Formensprache – diese Faktoren unterscheiden Apple deutlich von anderen Computerherstellern und zeigen, wie ein Unternehmen mit Produktdesign zum Lifestyle-Hersteller wurde. Macs sind immer noch Kultobjekte. Ob iMac, Cube, iBook oder PowerBook – alle diese Geräte sehen cool aus und verleihen ihrem Besitzer eine elitäre Stellung. Die Designabteilung von Apple in Cupertino ist für den Erfolg verantwortlich und der ist hart erarbeitet: Drei Jahre tüftelten die Designer um Jonathan Ive an einem neuen Konzept.

Design ist kaufentscheidend: Alessi & Co.

Dass der Erfolg von Produkten nicht mehr allein von deren Funktionalität, technischer Perfektion oder Qualität abhängt, hat Alessi schon vor einiger Zeit erkannt.

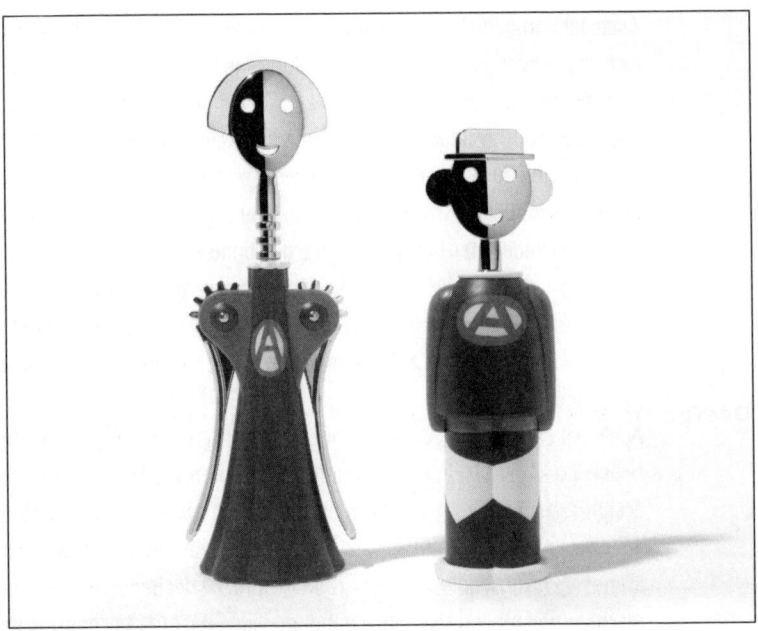

Abbildung 28: Design oder Nichtsein: Alessis strategischer Erfolgsfaktor

Das italienische Unternehmen hat Erscheinungsbild, Formgebung und Design seiner Produkte als wesentliche Faktoren im Kaufentscheidungsprozess identifiziert. Ob filigrane, schwerelose Formen, spaciges Design oder kühle Eleganz – mit Omas Kaffeeservice oder Mutters Zitruspresse haben Alessis Designkunstwerke für die Küche nichts gemein.

Gestalter wie Ettore Sottsass, Richard Sapper, Achille Castiglioni, Alessandro Mendini, Aldo Rossi, Michael Graves oder Philippe Starck arbeiten für das Unternehmen. Alltagsgegenstände wie Sappers melodischer Wasserkessel, die Menage von Sottsass, die Espressomaschinen von Rossi oder die spinnenbeinige Zitruspresse von Starck sind kleine Kunstwerke und Ikonen der Warenwelt.

Allerdings: Das Stammgeschäft mit Küchenartikeln stagniert, besonders auf dem deutschen Markt. Alessi fand aber einen Ausweg und erzeugt mittlerweile erfolgreich eine Vielzahl von Produkten für andere Lebensbereiche. Das Badezimmer beispielsweise: Hier gibt es inzwischen von Shampooflaschen bis zur kompletten Einrichtung alles vom 1921 gegründeten Familienunternehmen aus Italien.

Der nächste Zielmarkt, dem man sich zuwandte: das Wohnzimmer. Auch hier können die in typischer Alessi-Manier gestalteten Objekte zum vier- bis fünffachen Verkaufspreis verglichen mit Nicht-Design-Ware abgesetzt werden.

In Partnerschaft mit Siemens hat Alessi ein Telefon entwickelt: Die Technik liefert der Münchner Elektrokonzern, die „Hülle" kommt von der italienischen Design-Firma. Und die Ideen gehen Alessi noch lange nicht aus! Das Unternehmen hat ganz konsequent mit Produktdesign eine Nische geschaffen und entdeckt immer neue Produkte zum „ver-designen", so beispielsweise den Fiat Panda Alessi mit ungewöhnlicher Schwarzweiß-Karosserie und froschgrünen Sitzbezügen.

Design im Business-to-Business: Roboter von Kuka

Sehen Sie sich doch einmal um: In den meisten Investitionsgüterbranchen hat der technologische Fortschritt eine Vielzahl gleichartiger Produktqualitäten auf einem sehr hohen Niveau hervorgebracht. Eine Differenzierung über technologische Wertschöpfungen scheint – wenn überhaupt – nur durch sehr hohe Investitionen in Forschung und Entwicklung möglich. Design hingegen ermöglicht unter diesem Blickwinkel gerade in der Investitionsgüterbranche kluge Differenzierungsansätze. Business-Querdenker haben dies längst erkannt: Design ist nicht nur ein Instrument der Konsumgüterindustrie!

Darüber hinaus tritt technologische Kompetenz auf unterschiedlichen Ebenen nur mit dem Qualitätsaspekt Design unverwechselbar und signalstark auf; gleichzeitig wird die Anonymität des Wettbewerbs Erfolg versprechend überwunden.

Diesem Gedankengang ist Kuka, Augsburger Hersteller von Industrierobotern, gefolgt und hat über ansprechendes Design für seine Produkte nachgedacht. Das Ergebnis: Entgegen dem Branchentrend hat das Unternehmen seinen Robotern statt kantiger, funktionaler Gehäuse organische Rundungen verpasst. Zusätzlich bekamen die Roboter eine leuchtendbunte Lackierung und man sorgte dafür, dass der Herstellername nicht nur auf dem Typenschild steht, sondern der Kuka-Schriftzug schon von weitem auf dem Roboterarm sichtbar ist. Wen wundert es also, dass die Kuka-Roboter sogar den prestigeträchtigen Designpreis, den bereits mehrmals erwähnten „Red Dot Award", gewonnen haben?

Verpackungsdesign als Werttreiber: Spüli als Luxusartikel

Verpackung als äußere Hülle der Markengestalt spielt eine wichtige Rolle bei der ästhetischen Wahrnehmung und Gestaltung von Produkten. Führenden Marken ist die Profilierung am Point of Sale nicht zuletzt ihrer prägnanten Verpackung wegen gelungen. Eine Branche, die sich diesen Gedanken gänzlich zu eigen gemacht hat, ist die Kosmetikbranche. Für Parfüms, Eau de Toilette und Kosmetik hat das Verpackungsdesign entscheidende Bedeutung. Flakons werden von Top-Designern konzipiert, die Umverpackung wird auf das Produktimage maßgeschneidert. Längst wird nicht mehr nur auf Glas und Pappe gesetzt: unkonventionelle Materialien sollen die Differenzierung noch weiter treiben. Und die Erfolge geben den Unternehmen Recht: je unkonventioneller und emotionalisierender, desto größer die Nachfrage!

Ein paar findige Jungunternehmer haben diese Entwicklung genau beobachtet – und sich gefragt, ob dies nur für Luxusartikel gilt. Mit geschicktem Querdenken probierten sie es einfach aus, gingen in den nächsten Supermarkt und suchten nach einem unscheinbaren Produkt, das sie designtechnisch aufpeppen könnten. Bei den Reinigungsmitteln wurden sie fündig – und ihr Unternehmen Method beweist,

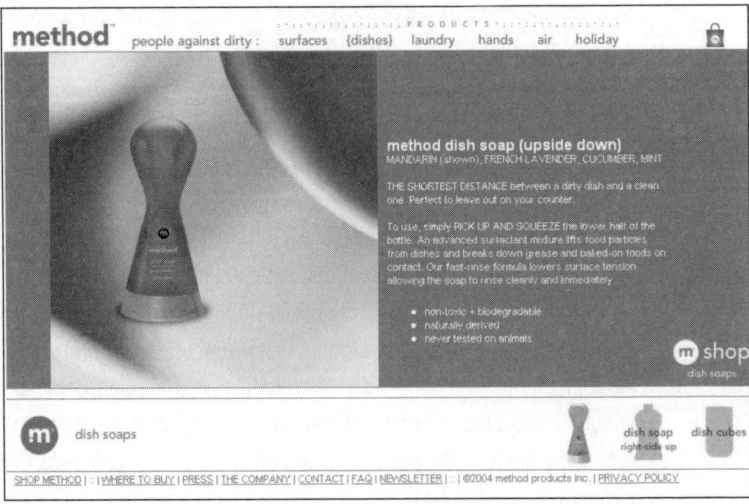

Abbildung 29: Sexy Spüli: Mit neuer Verpackung aus einem Reinigungsmittel ein Lifestyle-Produkt erschaffen

dass das Verpackungsdesign auch einfache Produkte wie Reinigungsmittel differenzieren und auf ein anderes Niveau heben kann.

Das Unternehmen macht mittlerweile 10 Millionen Dollar Umsatz und steht in direkter Konkurrenz zu Marktriesen wie Procter & Gamble. Dabei ist in den Haushaltsreinigern im Prinzip das Gleiche enthalten wie bei der Konkurrenz. Allein die Flaschen werden von einem renommierten Designer gestaltet. Die Herausforderung: Eine so ästhetische Verpackung zu entwickeln, dass die Kunden die Produkte stolz auf der Spüle stehen lassen, anstatt sie darunter zu verstecken.

Die Reinigungsmittel im Lifestyle-Look gibt es in Duftsorten wie Mint, Gurke, Mandarine und Lavendel. Und: Sie werden im oberen Preissegment verkauft: für 3 bis 5 Dollar pro Flasche. Die Nachfrage ist enorm. Dabei produziert Method gar nicht selbst: Das Unternehmen lässt einfach 08/15-Reinigungsmittel in die Edelflaschen abfüllen. Das minimiert das eigene Risiko.

Verpackungseinheiten neu denken: Sexy Gewürzgurken

Der Markt für Sauerkonserven stagniert: Rotkraut, Sauerkraut und Gewürzgurken sind einfach nicht sexy. Das Produktsegment hat ein traditionelles und angestaubtes Image und ist insbesondere bei jungen Käuferzielgruppen deutlich unterrepräsentiert.

Frei nach dem Motto „Jedes Problem ist auch eine Chance" hat die Firma Spreewaldhof, ehemals VEB Spreewaldkonserve, die Herausforderung angenommen, wieder Schwung in diesen Markt zu bringen. Das Unternehmen ist in Golßen ansässig, und das liegt im Spreewald, südlich von Berlin. Wer Spreewald hört, denkt Gurke, und wer Gurke hört, denkt Spreewald. Das ist einfach so.

Was hat Spreewaldhof getan, um das Produkt zu entstauben? Statt ihre Gurken in ein langweiliges Vorratsglas zu stecken, ersann man eine äußerst pfiffige Verpackung für das Produkt und erreichte damit ein hochgestecktes Ziel: einen uncoolen Artikel zu satten Preisen an den Mann und die Frau zu bringen.

Die Lösung: Man steckt große Gurken in kleine Dosen und deklariert diese als Snack-Mahlzeit für zwischendurch. „Get One", die Dose mit einer einzigen handverlesenen, großen Gurke, wird über Tankstellen, Supermärkte, Discos und Sportstudios als Trendprodukt verkauft – für 1,50 bis 2,20 Euro – ein satter Preis für eine einzelne Gurke!

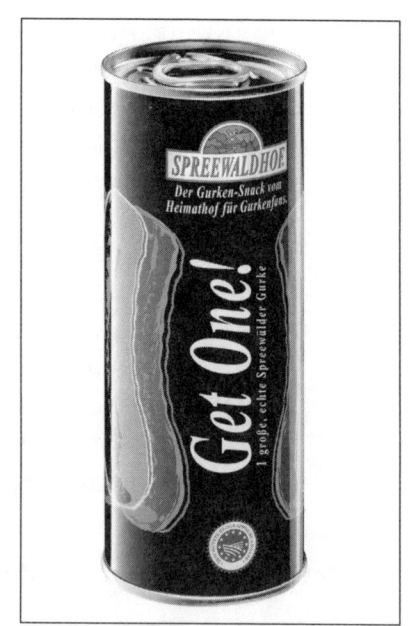

**Abbildung 30: Innovation für die Gurke:
Get One erobert neue Zielgruppen**

Das Erfolgsrezept: Die Verpackungsart weicht von der Norm ab und ist das eigentliche Verkaufsargument.

Doch das innovativste Produkt nützt nichts, wenn die Öffentlichkeit nicht weiß, dass es dieses Produkt gibt. Auch diesem Problem konnte abgeholfen werden – mit Hilfe eines Films. Spätestens seit dem Kino-Kassenschlager „Good Bye, Lenin" weiß man, dass auf die Tische Ostdeutschlands die Spreewaldgurke gehört. In dem Film wird dieses Produkt aufmerksamkeitsstark auf den Tisch gebracht. Der Werbepartner: der Spreewaldhof. Die clevere Idee: ein Geschenkpack aus DVD zum Film samt einer einzigen, besonders dicken Spreewaldgurke in der Dose: „Get one!"

Verkaufsstellendesign zieht an: Pradas High Tech

Ein wichtiger und von vielen Unternehmen erstaunlicherweise immer noch wenig genutzter Bereich der Differenzierung im Wettbewerb ist das Design der Verkaufsstellen. Hier geht es nicht nur um die Schaffung von Erlebniswelten – mehr dazu im nächsten Kapitel –, sondern auch um die Etablierung stimmiger und zukunftsträchtiger Wahrnehmungsfelder am Point of Sale. Erfolgreiche Shopkonzepte wie die von Prada oder Nike (Niketown) zeigen, wie weit man dabei gehen kann.

Italiens Modelabel Prada setzt auf große Architekten. Szenestar Rem Koolhaas konzipierte den Flagship Store in New York, gemeinsam mit Herzog & de Meuron hat man einen weiteren außergewöhnlichen Flagship Store in Tokio realisiert. Beide Stores verblüffen durch ihr außergewöhnliches architektonisches Äußeres und ein ebenso bemerkenswertes Innenleben. So findet sich im Prada-Shop in New York extravagante Display-Technik mit intelligenten Spiegeln und magischen Lichteffekten. Angereichert wird das extravagante Design des Shops durch eine Vielzahl an technischen Innovationen: So wird der Kunde automatisch vom Body-Scanner vermessen, die Beratung erfolgt auf Wunsch durch virtuelle Verkäufer.

Der Großteil der Innovationen ist in den Umkleideräumen versteckt: Beim Betreten registriert ein Scanner automatisch die mitgeführten Kleidungsstücke. Ein Extra-Display zeigt Informationen über die Stoffe an, gibt Pflegetipps, informiert über die Verfügbarkeit im Lager oder über Besonderheiten in der Verarbeitung. Darüber

Abbildung 31: Architektonisch geadelte Mode: Prada Flagship Store in New York

hinaus wählt der zentrale Computer Alternativen aus, wie zum Beispiel passende Schuhe zur Bluse. Mittels ausgeklügelter Technik ergänzen Kleidungsstücke über in Spiegeln integrierte Displays das Erscheinungsbild: In Fußhöhe lassen sich so verschiedene Schuhmodelle einblenden, ohne dass die Kunden sie real anprobieren müssten. Darüber hinaus wird auf Wunsch jede Anprobe fotografiert, die Kameraaufnahmen sind auf einem Server gespeichert. Wer sich noch einmal das zuvor anprobierte Outfit ansehen möchte, erledigt dies per Knopfdruck und muss sich nicht erneut umziehen. Auf dem Display erscheint dann das zuletzt anprobierte Kostüm, im Spiegel das aktuelle.

Design für Dienstleistungen: Umpqua – was für eine Bank!

Differenzierung durch Design: Für Serviceleistungen beziehungsweise reine Dienstleistungen bekommt diese Forderung eine noch größere Dominanz, denn Dienstleistungen sind immateriell. Immaterialität braucht Gestalt, um überhaupt sichtbar, kommunizierbar und identifizierbar zu werden. Austauschbarkeit und Gleichartigkeit verspielt hingegen produktive Möglichkeiten, die Design hervorbringen kann. Die bereits erwähnte Umpqua Bank aus dem amerikanischen Bundesstaat Oregon setzt konsequent auf den Faktor Design als Wettbewerbsvorteil und Differenzierungsmerkmal. Umpqua hat erkannt, dass Kunden sich nicht für die Größe ihrer Bank interessieren; sondern für ihre eigene Lebensqualität und dafür, in welchem Umfang ihre Bank sie bei der Erhöhung ihrer Lebensqualität unterstützen kann. Die mit Designpreisen ausgezeichneten Räumlichkeiten der Umpqua Bank laden die Kunden zum Verweilen ein: Sie können Zeitung lesen, Kaffee trinken, einkaufen und natürlich auch Bankgeschäfte erledigen. Die Bank hat verstanden, dass Banking entweder ein lästiges Übel sein kann, das man schnell online erledigt, oder aber eine Lifestyle-Entscheidung. Und das Unternehmen bemüht sich deshalb mit Erfolg, Bankgeschäfte zu einer angenehmen Erfahrung zu machen. Ein sehr schönes Beispiel, wie ein Dienstleistungsunternehmen Design nutzt und damit neben Preisen auch noch die Herzen der Kunden gewinnt – und sich von Wettbewerbern differenziert.

Verkaufsstellendesign nicht nur für Endkunden

Unternehmen sind versucht, solche Überlegungen für das Verkaufsstellendesign ausschließlich auf den Bereich der Konsumgüter einzugrenzen. Wer sich heute jedoch einmal über eine der großen Industriemessen bewegt, wird feststellen, dass im Investitionsgüterbereich im Prinzip nichts anderes passiert: Viele Hersteller differenzieren sich nicht mehr nur durch die Technologie, sondern in zunehmendem Maße auch durch die Optik ihrer Produkte. Um die Marke herum werden ästhetische Wahrnehmungsfelder aufgebaut.

Business-Querdenk-Box:
Design ist weit mehr ist als ein Arbeitsschritt, der sich auf das Verschönern von Produkten beschränkt. Design schafft die Verbindung zu Leidenschaft, Gefühl und Verbundenheit und ist die Basis für emotionale Differenzierung.

Business-Querdenker haben verstanden, dass zukünftig nur jene Anbieter im Markt erfolgreich agieren werden, deren Produktangebot sich deutlich vom Wettbewerb unterscheidet und das in den Köpfen der Kunden als überlegen bewertet wird. Im Ringen um Differenzierung, Identifikation und Kundenbindung entwickelt sich Design zu einem zentralen Erfolgsfaktor. Nutzen Sie gezielt außergewöhnliches Design als Differenzierungs- und Erfolgsfaktor.
Denken Sie an Apple, BMW, Method oder Kartell! Sie alle zeigen, dass Design von Produkten, Verpackungen und Verkaufsstellen zu einem expliziten Bestandteil der Unternehmensstrategie werden kann.

Erlebnis Inside: Schaffen Sie Erlebnisse, erzeugen Sie Emotionen

Bleiben wir noch einen Moment beim Thema *Differenzierung vom Wettbewerb*. Business-Querdenker haben es verstanden: Egal, wie gut ihre Produkte sind, wie höflich ihre Mitarbeiter sind, wie schnell ihr Service ist – das Meiste, was ihr Unternehmen anbietet, könnte auch eine beliebige andere Firma anbieten, die man in den Gelben Seiten oder den Suchmaschinen des Internets findet.

Es gibt nur einen Ausweg, und der ist enttäuschend banal: Machen Sie etwas Neues, seien Sie kreativ! Wagen Sie etwas vollkommen Neues, etwas, an das Ihre Wettbewerber noch gar nicht gedacht haben. Es geht darum, dass Ihre Kunden Sie als anders wahrnehmen. Doch genau das haben viele Unternehmen noch nicht verstanden. Sie arbeiten mit großer Energie daran, die bessere Qualität anzubieten, sich einen unschlagbaren Standortvorteil zu erarbeiten oder durch technologische Innovationen und/oder effiziente Prozesse beim Kunden zu punkten. Sie glauben daran, dass sie besser sind als ihre Konkurrenten, und sind zutiefst davon überzeugt, dass sich diese Wahrheit eines Tages auch bei den Kunden durchsetzen wird.

Business-Querdenk-Regel 10:
Erlebnis Inside: Schaffen Sie Erlebnisse, erzeugen Sie Emotionen!

Konventionelles Denken: Sie stellen rationale Argumente und die sachliche Überzeugungskraft Ihrer Produkte (Funktionalität, Leistungsfähigkeit, Qualität etc.) in den Vordergrund, um Kunden zu gewinnen.

Business-Querdenken: Machen Sie etwas Neues, seien Sie kreativ: Fügen Sie den rationalen Argumenten noch etwas hinzu, das im geschäftlichen Rahmen nur höchst selten diskutiert wird: Emotion und Erlebnisse. Dienstleistungen werden so zur Bühne und Produkte zu Instrumenten, die das Herz der Kunden gewinnen.

Man argumentiert deshalb mit vielen rationalen Argumenten, warum die eigenen Produkte hinsichtlich Leistungsfähigkeit, technologischer Ausstattung und Qualität die besseren Produkte sind. Business-Querdenker fügen dieser Argumentationskette aber noch etwas hinzu, das im geschäftlichen Rahmen aber nur höchst selten diskutiert wird: Emotion und Erlebnisse.

Was das Herz begehrt, rechtfertigt der Verstand!

Warum sind Erlebnisse für Querdenker überhaupt ein Thema? Die wesentliche Eigenschaft von Erlebnissen besteht darin, dass sie einprägsam sind, indem sie die Emotionen der Kunden ansprechen. Bei kaum einem Produkt sind vermutlich so viele Emotionen der Kunden im Spiel wie bei Spielzeug und Spielzeugpuppen. Doch nach welchen Regeln „tickt" der Markt der Puppenhersteller? Man verkauft in erster

Abbildung 32: Die Puppenshow: Musical-Show bei American Girl

Linie seine Produkte sowie Zubehör. Das „Erleben" des Spiels findet dann weitgehend zu Hause bei den kleinen Kunden statt.

Bei „American Girl Place" wird hingegen das Erlebnis wieder in das Ladengeschäft zurückverlagert. American Girl hat zwei große Häuser, das Stammhaus in Chicago und ein weiteres Geschäft in New York. Es handelt sich dabei keinesfalls um herkömmliche Spielwarengeschäfte, sondern um Erlebnis-Paläste. Der Verkauf des eigentlichen Produkts – Spielzeugpuppen der Marke American Girl – ist hier reine Nebensache. Stattdessen bietet man den kleinen und großen Besuchern ein umfangreiches Rahmenangebot: Musical-Shows, Cafés, Restaurants und sogar einen Frisiersalon für die Puppen. Die Besucher können Hunderte von Dollars ausgeben, ohne eine einzige Puppe zu kaufen. Das Herausragende am Konzept von American Girl Place ist, dass das Spielerlebnis aus dem Kinderzimmer in das Ladengeschäft geholt wird. Und der Erfolg gibt dem Unternehmen Recht: Ca. 8 Millionen Puppen wurden inzwischen verkauft; damit rangiert American Girl an zweiter Stelle hinter Barbie.

 **Erlebnisse stellen ein wirtschaftliches Angebot dar, ein Angebot, das sich so deutlich von den Dienstleistungen unterscheidet wie diese von den Gütern.** *Joseph Pine und James Gilmore in ihrem Buch „Erlebniskauf"*

Ein anderes Beispiel ist das Eis-Hotel in Jukkasjärvi in Nordschweden. Die Gebäude werden jeden Winter neu aus Eis gebaut. Die Betten sind ebenfalls aus Eis, mit Auflagen aus Rentierfellen und einem Schlafsack. Möbel, das Geschirr, die Gläser – alles ist aus Eis. Obwohl die Durchschnittstemperatur unter null Grad liegt, kommen Gäste aus der ganzen Welt und bezahlen mehr als 200 Euro pro Nacht, um dort abzusteigen.

Wirklich cool: Das Eis-Hotel

Woraus besteht das Produkt, das dieses Hotel verkauft? Ist es die Tatsache, dass man dort auf Rentierfellen schlafen kann? Oder ist es ein Sitzplatz an der Bar aus Eis? Der einzigartige Blick über die tief verschneite Landschaft Nordschwedens?

Abbildung 33: Some like it cool: Das Eis-Hotel in Jukkasjärvi

Oder ist es alles zusammen, das komplette Paket? Das Produkt ist dies alles –
und noch mehr: Das Erlebnis im Eis-Hotel ist schnell vorbei, aber die Erinnerung
bleibt erhalten, die Erinnerung an all die Details und an das besondere Gefühl
in diesem vergänglichen Ambiente. Und dieses Erlebnis ist viel mehr wert als nur
eine Reise, eine Übernachtung oder ein Essen.
Nach schwedischem Vorbild gibt es jetzt übrigens auch eine „Icebar" mitten in Mailand. In der neuen „Absolut Icebar" im Zentrum der italienischen Metropole ist alles,
wirklich alles aus Eis – Wänden, Tresen und Tische bis hin zu den Gläsern. Die Innen-
temperatur beträgt minus fünf Grad, weshalb die Gäste am Eingang mit gefütter-
ten Moonboots und Thermomänteln ausgestattet werden.
Nach sechs Monaten muss die Bar rundum erneuert werden. Die 60 Tonnen Eis, die
allmonatlich zur Unterhaltung des 120 Quadratmeter großen Lokals notwendig
sind, werden direkt aus Schweden eingeflogen. Getrunken wird übrigens nur
Wodka – natürlich *on the rocks*.

Erlebnisse im Business-to-Business: Computer Nerds

Erlebnisse kann man nicht nur im Konsumgüterbereich wertsteigernd und differenzierend einsetzen – es funktioniert auch im B2B-Bereich. Das zeigen die Beispiele eines IT-Service-Unternehmens, eines Baumaschinenherstellers, eines Herstellers von Geräten der Klimatechnik und eines Hotels, das sich auf Events für Unternehmen spezialisiert hat.

Beginnen wir mit dem amerikanischen IT-Service-Spezialisten „Geek Squad". Der Unternehmensname bedeutet so viel wie „Computerfreak-Truppe". Wenn Sie dabei jetzt an Personen denken, die mit ihrem Computer sprechen, Brillen mit Gläsern so dick wie Glasbausteine tragen, sich hauptsächlich von Cola und Pizza ernähren und ihren Stuhl nur in äußerst dringenden Notfällen verlassen, liegen Sie nicht ganz richtig ...

Der Name steht für ein Unternehmen, das es mit Witz und dem bewussten Einsatz von Erlebnissen geschafft hat, aus einer recht undifferenzierten Dienstleistung, für die es in jeder größeren Stadt eine große Zahl von Anbietern gibt, ein sehr erfolgrei-

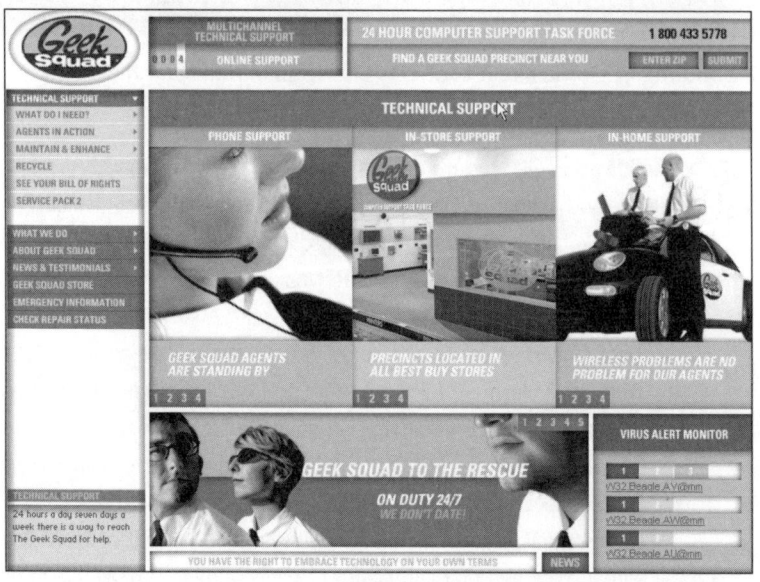

Abbildung 34: Geek Squad: Sonnenbrillen, schwarze Anzüge und unterwegs im Auftrag der IT

ches Serviceangebot zu schaffen. Geek Squad unterstützt als Dienstleister Unternehmen, wenn deren IT-Netzwerke nicht mehr funktionieren, Drucker streiken, eine Datei sich nicht mehr öffnen lässt oder Computer merkwürdige Geräusche von sich geben. Mit einer Mischung aus Witz, Erlebnis und Innovation hat man sich selbst zu einer Art „Spezialeinheit" erklärt, die den Kunden bei ihren Computerproblemen unter die Arme greift. Die Mitarbeiter von Geek Squad tragen weiße Hemden mit schmalen schwarzen Krawatten, weiße Socken und schwarze Hosen. Sie werden mit einem „Special Agent"-Ausweis ausgestattet und kommen insgesamt daher wie Jack und Elwood Blues aus dem legendären Film „Blues Brothers".
Es ist der gelungene Versuch, ein für viele Kunden relativ unglamouröses Geschäft interessanter zu machen. Was es bringt? Eine starke Differenzierung vom Wettbewerb, viel Mund-zu-Mund-Propaganda und kostenlose Werbung, einen gewissen Kultfaktor und extremen Geschäftserfolg.

Business-Kunden möchten was erleben: Baggern für Kunden

Geek Squad ist ein schönes Beispiel dafür, wie sich ein B2B-Unternehmen erfolgreich von seinen Wettbewerbern differenziert hat, indem es zu seinem rein funktionalen Angebot Erlebnis- und Fun-Komponenten hinzugefügt hat.

 **Denken ist wundervoll, aber noch wundervoller ist das Erlebnis.**
Oscar Wilde, irischer Lyriker, Dramatiker und Bühnenautor

Das Beispiel zeigt auch: Es ist nicht immer die klügste Entscheidung, dorthin zu rennen, wohin alle rennen. Dort, wo alle sind und sich um dieselben Krümel streiten, dort wird der Preis zum alles entscheidenden Differenzierungsmerkmal und Wettbewerbsfaktor. Versuchen Sie es deshalb mit einer anderen strategischen Denkweise! Es geht um die bewusste Erzeugung des Unterschieds.
Immer mehr Unternehmen in B2B-Märkten entdecken, dass Erlebnisse zu größerem wirtschaftlichen Erfolg führen können. Steht üblicherweise das Produkt mit seinen technischen Leistungsdaten, seinem faktischen Produktnutzen und seinem Preis-Leistungsverhältnis im Vordergrund, so erkennen Querdenker, dass Industrie-

güterprodukte mit Erlebnissen angereichert eine echte Differenzierung und Innovation schaffen können.

Ein Beispiel hierfür ist der US-Baumaschinenhersteller Case. Das Unternehmen betreibt in Wisconsin das „Case Tomahawk Experience Center". Dort können Bagger und Bulldozer nach Belieben ausprobiert werden. Das Ganze hat echten Eventcharakter: Wer wollte nicht als Kind mal Bagger fahren? Dieser Traum wird nun Realität! Zusätzlich veranstaltet Case für Kunden und potenzielle Kunden Bewerbe, bei denen um die Wette gebaggert, geschaufelt und planiert werden kann.

Aber dieses Erlebnis ist nur der eine Teil der Rechnung. Der weitere clevere Ansatz: Aus dem Kreis potenzieller Kunden werden finanzielle Entscheidungsträger (Geschäftsführer, Inhaber ...) und Nutzer (Vorarbeiter, Bulldozerfahrer ...) eingeladen, gemeinsam die Geräte auszuprobieren. Der Chef muss dabei sein, denn er trifft die Investitionsentscheidung. Er ist aber selten identisch mit dem tatsächlichen Nutzer des Gerätes. Der Nutzer wiederum versteht sehr viel besser, warum der Bulldozer von Case die richtige Investition ist, und wird – sofern er von dem Produkt überzeugt ist – zum verlängerten Marketingsprachrohr für Case.

Case beweist sehr eindrucksvoll die Kraft von Events auch in B2B-Märkten. Als Baumaschinenhersteller können Sie Ihren Außendienst mit zig Broschüren zum potenziellen Kunden schicken und der Mitarbeiter kann dem Kunden bestimmt auch die technischen Leistungsmerkmale der Produkte ganz toll erklären – das alles verblasst aber gegen das Erlebnis der potenziellen Kunden, die Sie auf Ihr Terrain locken und sie vor Ort Ihre Produkte ausprobieren lassen.

Unsichtbare Technik erlebbar machen

Im Grunde kann jedes Unternehmen seine Präsentationsräume zu Erlebniswelten ausbauen – selbst wenn man Produkte wie Gebäudekontrollsysteme herstellt. Sie müssen es zugeben – dieses Produkt hat nun wirklich nicht das Etikett „supersexy" verdient, dennoch ist es „erlebnistauglich". Die Firma, die dieses Erlebnispotenzial konsequent umsetzt, ist Johnson Controls aus Milwaukee.

Am Unternehmenssitz hat man das Brengel Technology Center als Showcase für die technischen Möglichkeiten mit allem ausgestattet, was Johnson Controls im Bereich Klimatechnik und Gebäudeautomatisierung zu bieten hat. Bei einem Besuch in dem Gebäude, das mehrfach ausgezeichnet wurde, können die Kunden hautnah erfahren, wie moderne Bürogebäude mit energiesparenden, aber höchst wirksamen Technologien ausgestattet werden können, wenn bereits die Planung auf optimale Klimatechnik abgestimmt ist.

Und auch das Nortel Networks Executive Briefing Center im Research Triangle Park in North Carolina ist ein schönes Beispiel für nutzenorientierte Erlebniswelten im B2B-Bereich: Die Gäste erhalten bei der Ankunft eine Smartcard, über die sie die Nortel-Technologien interaktiv und ganz persönlich erleben können. Dazu stehen im Center modernste Techniken bis hin zu Virtual Reality Labs bereit, die über die Smartcard personalisierte, auf den einzelnen Gast abgestimmte Präsentationen abrufbar machen. Der Gast erlebt so hautnah, wie die Nortel-Technologien in seinem Leben eine zentrale Rolle spielen können.

Den Eventeffekt verstärken: Scalaria setzt Maßstäbe

Die Beispiele von Nortel Networks und Johnson Controls haben gezeigt, wie Unternehmen ihre Präsentationsräume zu Erlebniswelten ausbauen können. Wie aber kann ein Unternehmen insgesamt zu einer Erlebniswelt werden?

Um zu sehen, wie das funktioniert, wollen wir einen Blick nach Österreich, genauer gesagt, an den Wolfgangsee, werfen. Vielen Lesern wird dieser See im Salzkammergut schon deshalb bekannt sein, weil der deutsche Alt-Kanzler Helmut Kohl dort seit Jahrzehnten seinen Sommerurlaub verbringt. Spitze Zungen werfen ob dieser Besuchstreue schon die Frage auf, warum dieser See nicht schon längst in Helmut-Kohl-See umgetauft wurde. Aber das ist ein anderes Thema ...

Wovon wir berichten wollen, ist ein Hotel am Wolfgangsee, in dem Helmut Kohl unseres Wissens nach noch nicht abgestiegen ist. Denn es handelt sich dabei um kein klassisches Urlaubshotel, sondern es wendet sich an Großunternehmen, die Konferenzen, Meetings und Seminare abhalten. Das Hotel Scalaria hat für sich eine einzigartige Positionierung mit Hilfe von Erlebnissen geschaffen. Und das in einem Markt, indem sich Abertausende von Anbietern tummeln, die alle gut und zuverlässig sind, die ein schönes Ambiente und Top-Service bieten. Der Inhaber des Scalaria aber sagt: „Wir haben keine Konkurrenz. Ich habe de facto eine völlig neue Kategorie kreiert."

Schon die Begrüßung auf der Website (www.scalaria.com) ist ungewöhnlich:

Herzlichen Dank für Ihren Besuch in „the eventresort" – der einzigartigen Location für Company-Events und Product-Shows. Genießen Sie faszinierende Momente aus unse-

rer Welt der perfekten Inszenierung und erliegen Sie dem Charme rund um Bühne, Show und WOW-Effekte ...

Müssen wir viel mehr sagen? Das Scalaria setzt neue Maßstäbe, indem es konsequent auf Events und Überraschungen setzt. Und die Kundenliste belegt den Erfolg: Allianz, Bentley, Breitling, Canon, DaimlerChrysler, Dior, E.ON, Escada, Ferrari, Giorgio Armani, Gucci, Hugo Boss haben hier schon ihre Events organisieren lassen.

Was hat das Scalaria mit Business-Querdenken zu tun? *Alles!* Während nach traditioneller Denkweise vor allem Merkmale wie Freundlichkeit, Schnelligkeit, Zuverlässigkeit, Preis-Leistungsverhältnis zählen, verfolgen Querdenker einen anderen Weg. Man sieht die genannten Merkmale als wichtig an, erkennt aber gleichzeitig, dass sich darauf bereits alle Wettbewerber konzentrieren. Das bedeutet: Eine deutliche Differenzierung und Einzigartigkeit erreicht man nur durch bewusste Andersartigkeit. Die in diesem Fall durch die Anreicherung der Dienstleistungen mit Erlebnissen für die Kunden erzeugt wird.

Mit Erlebnissen die Beziehung festigen

Gut gemachte Erlebniswelten bewirken eine Markenverankerung beim (potenziellen) Kunden. Erlebniswelten sind dafür geschaffen, eine tiefer gehende Beziehung zwischen Unternehmen und Kunden entstehen zu lassen. Erlebnisse spielen wiederum eine immer größere Rolle innerhalb der Kommunikation mit dem Kunden (gleich ob in Konsumgüter- oder Industriegütermärkten), denn viele Zielpersonen können nur noch mit emotionalen, entertainmentorientierten Instrumenten erreicht werden. Mit Erlebniswelten kann ein Unternehmen Glaubwürdigkeit herstellen – die sich im besten Fall auf die Produkte des Unternehmens überträgt und die Bindung der Kunden an die Marke stärkt.

Vorsicht: Achten Sie beim Einstieg in das Erlebnismarketing darauf, die Maßnahmen nicht zu einer Werbeshow werden zu lassen, sondern bieten Sie Ihren Kunden einen nachweisbaren wirtschaftlichen Nutzen!

 **Das Kapital einer Marke hat nichts mit Marketing zu tun ... sondern mit der emotionalen Bindung zwischen Käufer und Produkt.**
Howard Schultz, Chairman und Chief Strategist, Starbucks Coffee Company

Ambiente schaffen: Spaziergang bei Anthropologie

Auch wenn so manches Unternehmen das Wort Erlebnis sehr großzügig verwendet, gilt: Nicht überall, wo Erlebnis draufsteht, ist auch ein echtes Erlebnis drin. Nette Anekdote dazu: Als wir kürzlich zu Gast im Radisson SAS Hotel in Erfurt waren, lasen wir einen Hinweis auf den neuen Wellnessbereich des Hotels. Das besondere Highlight: Abenteuer-Duschen. Unsere ketzerische Frage: Wie soll man unter der Dusche im Wellnessbereich des Hotels ein Abenteuer erleben? Das konnte man uns im Hotel leider auch nicht verraten ;-)

Doch zurück zum Thema Erlebnisse: Vom orientalischen Basar in ein englisches Landhaus schlendern und dabei noch Kleider kaufen und das alles in einer Stunde – unmöglich, meinen Sie? Anthropologie, eine Ladenkette aus den USA, verfolgt genau dieses Konzept: Die Läden bieten ein außergewöhnliches Sortiment, das nicht nur Bekleidung umfasst, sondern auch alle Möbel und Accessoires, in deren Rahmen das Angebot präsentiert wird.

Ein Einkauf bei Anthropologie ist ein Erlebnis wie ein Spaziergang auf dem Flohmarkt, wie eine Reise durch verschiedene Welten. Flauschige Bademäntel werden auf riesengroßen Himmelbetten mit unzähligen Kissen angepriesen – und daneben finden sich muschelbestückte Bilderrahmen in mallorquinisch angehauchtem Design. Angesprochen werden vor allem gut verdienende und mobile Frauen im Alter von 20 bis 60 Jahren – damit wird eine bewusste Abgrenzung von all den jugendorientierten Anbietern begründet. Das bedeutet aber wiederum nicht, dass man Hosen mit elastischem Bund, bequeme Kittelschürzen oder ähnliche Accessoires eines gediegenen Lebensstils anbieten würde. Und die Produktauswahl reicht von Billigware ab 2 Dollar bis zu handwerklichen Einzelstücken für 2.000 Dollar.

Über fünfzig Geschäfte hat Anthropologie in den USA bereits eröffnet und die Expansion läuft ungebremst weiter. Die durchschnittliche Verweildauer der Kundinnen liegt bei sensationellen 1,5 Stunden – und das, obwohl Anthropologie keine klassische Werbung macht. „Ein wesentlicher Bestandteil unserer Philosophie ist es", so Glen Senk, der Chef des Unternehmens, „dass wir das Geld, das andere Unternehmen für ihre Werbung ausgeben, dafür investieren, ein einzigartiges Shopping-Erlebnis zu schaffen, das die Erwartungen der Kunden weit übertrifft. Wir stecken das Geld nicht in Werbebotschaften, sondern in die Realisierung unserer Philosophie."

Abbildung 35: Anthropologie: Flohmarkt de luxe

Dabei ist das Konzept vergleichsweise einfach: Bieten Sie Ihren Kunden nicht nur Ihre Produkte an, sondern kreieren Sie Erlebniswelten, in denen diese eingebettet sind. Gerade weil sich Produkte immer mehr ähneln, bieten Erlebnisse eine gute Möglichkeit, sich zu differenzieren. Kunst und Kommerz sind dabei nicht mehr trennscharf auseinanderzuhalten.

Erlebnis jenseits des Ladenschlusses: Eine pfiffige Buchhandlung

Nun hat Anthropologie immerhin über 50 Filialen in den USA und ist damit längst kein kleiner Mitspieler mehr im Markt. Doch können es sich auch kleine Betriebe mit nur acht oder zehn Mitarbeitern leisten, Erlebnisse für ihre Kunden anzubieten? Braucht man dazu nicht den Etat eines großen Unternehmens?
Es funktioniert auch mit kleinem Budget! Sorgfältig inszenierte Erlebnisse, die das Potenzial haben, die Kunden durch lange erinnerbare Eindrücke nachhaltig an sich

zu binden, müssen nicht gleich in einer hochgradig designten Shopping-Erlebnis-
welt münden.

Die Göttinger Buchhandlung Deuerlich zeigt, wie auch kleinere und mittlere Unternehmen Erlebnismarketing für sich nutzen können. Unter dem Motto „Mittsom-
mernacht in der Villa Kunterbunt" lud man große und kleine Kunden in die Buchhandlung. Neben gelesenen Geschichten aus den bekanntesten Werken Astrid Lind-
grens wurden schwedische Häppchen und Getränke zur Stärkung der Teilnehmer
während der Nacht angeboten. Im Falle eintretender Müdigkeit konnten die Besucher auch gleich in der Buchhandlung übernachten; und für diejenigen, die bis in
die frühen Morgenstunden durchhielten, gab es ein Frühstück.

Das Event war kostenpflichtig für die Besucher: Die Eintrittspreise wurden gestaffelt
und umfassten vier Zeitabschnitte, die einzeln und auch mit Schlafplatz gebucht werden konnten. Die Initiatoren dieser Aktion waren mit dem Ergebnis äußerst zufrieden.
Der Kundenzuspruch war so enorm, dass man bei Deuerlich fortlaufend dieselbe
Frage von den Kunden hört: Wann veranstaltet ihr die nächste Büchernacht?

Das Beispiel Deuerlich zeigt hervorragend, wie mittelständische Unternehmen mit
Kreativität, Engagement und kleinem Budget den Trend zur Erlebniswirtschaft für

**Abbildung 36: Deuerlich: Mit Einfallsreichtum und kleinem Budget zum großen
Erlebnis**

sich nutzen können. Und noch etwas kann man von dem Beispiel lernen: Man verkauft ein wirtschaftliches Angebot erst dann, wenn man seine Kunden auffordert, für eben dieses Angebot Geld zu zahlen. Bei Erlebnissen bedeutet dies, dass man Eintrittsgeld verlangt. Gleichgültig, wie fesselnd das Erlebnis ist, das Sie rund um Ihre Produkte oder Dienstleistungen anbieten: erst wenn Sie wie ein Konzertveranstalter von den Besuchern Geld dafür verlangen, bieten Sie ein wirtschaftlich genutztes Erlebnis an.

Business-Querdenk-Box:

Wir wollten nicht in die Transportbranche einsteigen. Wir sind immer noch ein Teil der Unterhaltungsbranche – auf einer Höhe von 25.000 Fuß.
Richard Branson, Chef der Virgin Group, Gründer der Fluglinie Virgin Atlantic

Die Aussage von Richard Branson über den USP seiner Airline lässt sich auf viele andere Branchen übertragen: Denken Sie an das Eis-Hotel in Nordschweden, den Baumaschinenhersteller Case, der Erlebnisse absatzfördernd einsetzt, oder Geek Squad, ein IT-Service-Unternehmen, dem es mit einer guten Portion Humor und dem bewussten Einsatz von Erlebnissen gelungen ist, aus einer eher undifferenzierten Dienstleistung ein erfolgreiches Geschäft zu machen.
Machen Sie etwas Neues, seien Sie kreativ: Fügen Sie den rationalen Argumenten noch etwas hinzu, das im geschäftlichen Rahmen nur höchst selten diskutiert wird: Emotion und Erlebnisse. Dienstleistungen werden so zur Bühne und Produkte zu Instrumenten, die das Herz der Kunden gewinnen.

Easy Inc.: Schaffen Sie mit Klarheit und Verzicht ein unwiderstehliches Angebot

* Zahl der Funktionen, die Mercedes-Benz im vergangenen Jahr aus ihren Automodellen entfernte, weil kein Fahrer sie brauchte beziehungsweise wusste, wie er sie benutzen sollte: 600
* Höhe des Bücherstapels, der der jährlichen Informationsproduktion der Erdbevölkerung pro Kopf entspricht, in Metern: 9
* Zahl der Informationen, die einen Menschen täglich zwischen dem Erwachen und dem Zubettgehen erreichen: 10.000
* Wahrscheinlichkeit, dass sich in Deutschland ein Zuschauer direkt nach einer Nachrichtensendung nicht mehr daran erinnert, was er gerade gesehen hat: 1 zu 3
* Anzahl an Konsumgütern, die in Europa angeboten werden: rund 400.000 Artikel
* Anzahl an Konsumgütern, die von einem europäischen Haushalt im Schnitt gekauft werden: 350 Artikel

brand eins, Rubrik „Die Welt in Zahlen"

Zu viele Informationen, zu viele Funktionen, zu viele Angebote – der durchschnittliche Käufer ist schlicht überfordert. Und was machen die Unternehmen? Sie sorgen in schöner Regelmäßigkeit dafür, dass die Welt immer noch komplizierter wird. Oder durchschauen Sie noch die unendliche Vielfalt unterschiedlicher Tarifoptionen der Mobilfunkanbieter? Nein? Dann sind Sie in guter Gesellschaft mit ziemlich vielen anderen Kunden. Und die Unternehmen? Sie denken sich schnell noch einen weiteren neuen Tarif aus, mit dem der ohnehin schon undurchschaubare Tarifdschungel bevölkert wird. Oder denken Sie an Ihren letzten Kauf einer Digitalkamera oder eines DVD-Players: Bevor Sie noch die Modelle verglichen haben, sind längst die Nachfolger auf dem Markt. Und bevor man endlich gelernt hat, das Gerät zu bedienen, muss schon das nächste angeschafft werden. Und der freundliche Verkäufer im Elektrofachhandel? Während Sie ratlos vor dem Regal stehen und darauf hoffen, vom Verkäufer die richtigen Fachinformationen zu den Produkten zu bekommen, liest er

Ihnen die Produktbeschreibung von der Verpackung vor und hofft, dass Sie aufgrund dieser profunden Beratungsleistung Ihre Kaufentscheidung ganz schnell treffen.

Machen Sie es einfacher

Der Kunde blickt nicht mehr durch: Auf der Welt wimmelt es von Wissen, Informationen, Dienstleistungen und Produkten – und täglich kommt mehr dazu. Und die Kunden? Sie haben genug von sinnlosen Überangeboten, sie wollen nicht mehr länger ihre knappe und kostbare Zeit darauf verwenden, künstlich geschaffene Unterschiede in einem Produktangebot zu durchschauen, das häufig nicht „mehr", sondern nur „mehr von demselben" bedeutet.

In den nächsten paar Jahren werden wir vorrangig um Vereinfachung bemüht sein. Wir wollen mehr Einfachheit bei unserer Kommunikation. Bei Präsentation. Bei Produkten. Weniger Komponenten. Ein einfacheres Design. Die Unternehmen tendieren dazu, alles zu verkomplizieren – auch im Leben wird vieles verkompliziert.

Jack Welch, ehem. Vorstandsvorsitzender von General Electric

Business-Querdenker haben erkannt, dass die Lösung darin besteht, nicht noch mehr Komplexität zu kreieren, sondern diese für den Kunden zu reduzieren und Kontinuität und Stabilität aufzubauen. Denn das schafft für den Kunden Sicherheit und Vertrauen, was wiederum die Beziehung zwischen Anbieter und Käufer festigt.

Business-Querdenk-Regel 11:
Easy Inc.: Schaffen Sie mit Klarheit und Verzicht ein unwiderstehliches Angebot!

Konventionelles Denken: Das Leistungsangebot wird permanent erweitert, Preise immer weiter differenziert. Ihr Ziel: Dem Kunden eine immer breitere Auswahl und größere Vielfalt zu bieten.

Business-Querdenken: Streichen Sie, reduzieren Sie, fokussieren Sie auf das Wesentliche. Schaffen Sie mit Klarheit und Verzicht ein unwiderstehliches Angebot für Ihre Kunden!

Dabei ist die Reduktion der Komplexität nicht mit dem Begriff „simpel" gleichzusetzen. Simpel würde Komplexität zerstören, anstatt sie zu nutzen. Reduktion von Komplexität bedeutet vielmehr eine Fokussierung auf das Wesentliche, es geht also um die Kunst des Weglassens.

Aber wie lässt sich die Klarheit und Einfachheit im Angebot erreichen? Die Komplexität manifestiert sich in vier Bereichen, in denen Sie aktiv werden können:

* **Leistungsangebot:** Reduktion der Komplexität (z. B. übersichtliche Sortimente, die dem Kunden die Auswahl erleichtern)
* **Preismodell:** Kein Tarifdschungel (vgl. Telefongesellschaften), sondern eine klare und durchschaubare Preisstruktur, die ein faires Preis-Leistungsverhältnis garantiert
* **Interaktion:** Vereinfachung in der Anwendung der Produkte
* **Kommunikation:** Verständliche und klare Kommunikation nach außen (Kunden, Geschäftspartner etc.) und nach innen (Mitarbeiter)

In diesem Abschnitt widmen wir uns vorwiegend dem ersten Punkt. Was aber nicht den Blick darauf verstellen darf, dass an allen Schrauben gleichzeitig gedreht werden sollte, um die Potenziale der Vereinfachung auszuschöpfen – wenn Sie die anderen Abschnitte mit diesem Grundsatz im Hinterkopf lesen, werden Sie feststellen, dass das Prinzip Vereinfachung sich durch viele unserer Beispiele zieht.

Wahl ohne Qual: Das Konfitürenexperiment

Eine Studie der amerikanischen Wissenschaftler Sheena Iyengar und Mark Leppler belegt, dass der Anteil der kaufenden Kunden bei einem überschaubaren Angebot weitaus größer ist als bei einem (zu) großen Angebot. Die Forscher analysierten Kundenreaktionen auf unterschiedliche Angebotsgrößen und stellten fest: Gab es 24 verschiedene Konfitüresorten im Regal, so blieben zwar 60 Prozent der Kunden vor dem Angebot stehen, es kauften aber davon nur 3 Prozent. Wurde das Angebot auf sechs Sorten reduziert, blieben zwar nur 40 Prozent der Kunden stehen, von diesen wurden aber 30 Prozent zu Käufern. Absolut ausgedrückt bedeutet das, bei dem reduzierten Sortiment wurden sechsmal mehr Kunden insgesamt zu Käufern als bei dem umfangreichen Sortiment. – Die Kunden verlieren sich also in dem großen Angebot, sind orientierungslos, sie zweifeln, geraten in Stress und sind frustriert.

Aldi, Tchibo und Co. sind die Gewinner der letzten Jahre. Ihre Gemeinsamkeit: Sie haben auf einfache, überschaubare Angebote gesetzt. Sie geben dem Kunden die Möglichkeit, sich zurechtzufinden. Keine unendliche Auswahl, kein undurchschaubares Tarif-Wirrwarr. Anbieter – ob Händler oder Marke –, die nicht durch breiteste Auswahl, unendliche Vielfalt und permanenten Aktionismus verwirren, sondern Orientierung geben und eindeutige, fokussierte Offerten machen. Und das oft sogar mit einem überraschend günstigen Preis-Leistungsverhältnis. Glaubwürdig, dauerhaft, zuverlässig. Mit Qualität, auf die man sich verlassen kann. Mit Preisen, auf die man sich verlassen kann. Bei Aldi etwa können die Kunden schon auf Preisvergleiche verzichten, weil sie über viele Jahre festgestellt haben, dass sie dort sehr niedrige Preise finden. So hat Aldi ein Vertrauensverhältnis zu seinen Kunden aufgebaut. Und Vertrauen reduziert Komplexität.

Kein kalter Kaffee: Das System Tchibo

„Jede Woche eine neue Welt" – so das Motto von Tchibo – und das gilt 52-mal im Jahr. Es sind Mikro-Universen von genau sieben Tagen Lebensdauer, bestehend aus bis zu 40 Produkten der firmeneigenen Marke TCM, die so zeit- und hautnah auf die Bedürfnisse des Verbrauchers zugeschnitten sind, dass der sich manchmal wundert, woher Tchibo diese so genau kennt. Und geradezu beiläufig stellt Tchibo jene Dinge bereit, die man längst hätte erneuern wollen, nur noch nicht dazu gekommen ist – wie den Seifenspender fürs Bad, die Gummistiefel für die Gartenarbeit oder den neuen Grill für die Terrasse. Von jedem Produkt gibt es nur eine Ausführung, sodass der Kunde eben keine Qual hat mit der Wahl.

Als „Fachgeschäft auf Zeit" verkauft Tchibo im Jahr von einem Artikel mehr als der jeweilige deutsche Fachhandel zusammen. Der Konzern konnte seinen jährlichen Umsatz um acht Prozent auf 3,3 Milliarden Euro steigern, während der deutsche Einzelhandel insgesamt Einbußen von zwei Prozent hinnehmen musste. Und noch etwas mutet kurios an: Das Hamburger Unternehmen macht inzwischen mit wöchentlich wechselnden Gebrauchsartikeln sowie Dienstleistungen mehr Umsatz als mit Kaffee.

Das aber funktioniert nur mit einer perfekt abgestimmten Logistik, einer ausgefeilten Produktplanung und rigorosem Qualitätsmanagement. Das Resultat: Der Kunde kann sich auf günstige Preise und gute Qualität verlassen – und das alles in einer

überschaubaren Produktwelt. Das vermittelt Sicherheit und Vertrautheit, weil es
auf Kontinuität und Stabilität aufbaut. Und das schafft wiederum Bindung und festigt die Beziehung zwischen Anbieter und Käufer, weil Verlässlichkeit ein Wert für
den Kunden ist.

**Der Kunde will sich nicht mehr im Supermarkt in der Warenvielfalt
am zehn Meter langen Joghurtregal verlieren und in einen Zustand
des Produktflimmerns geraten. Die Menschen sehnen sich nach einer
berechenbaren Welt, der sie blind vertrauen können.**

*Stephan Grünewald, Geschäftsführer des
Marktforschungsinstituts Rheingold in Köln*

Nicht nur Tchibos Erfolg ist ein Beleg für den Wunsch der Kunden nach weniger
Komplexität. Ein weiteres Indiz dafür können Sie ermitteln, indem Sie einen Blick
auf die Buchbestsellerlisten werfen. Der Ratgeber „Simplify your life – einfacher und
glücklicher leben", der im Oktober 2001 erschien, verkaufte sich inzwischen allein in
Deutschland über 350.000 Mal. Weltweit fanden sich sogar über eine Million Leser,
die Komplexität reduzieren und ihr Leben vereinfachen wollten.

Weniger ist mehr: Unilever dünnt aus

Spätestens seit dem Aldi-Erfolg steht fest: Eine Beschränkung auf das Wesentliche
wirkt wahre Umsatzwunder. Mittlerweile sind sich Markt- und Konsumforscher
einig: Hinter dem Erfolg von Aldi & Co. steckt weit mehr als ein kurzfristiger Billig-
Hype. Dahinter steckt eine wichtige Entwicklung, die Business-Querdenker längst
erkannt und für sich genutzt haben: Weniger Produkte schaffen mehr Umsatz.
Unter den Konsumgüterherstellern sind die Größten der Branche bereits aufge-
wacht. Sie haben den Trend zur Vereinfachung erkannt und ihr Portfolio radikal reduziert. So hat der holländisch-britische Mischkonzern Unilever (Iglo, Knorr, Sunil,
Coral) in den vergangenen vier Jahren 75 Prozent seiner Artikel aus dem Portfolio
verbannt – insgesamt 1.200 Artikel.
Lassen wir Stephan Grünewald nochmals zu Wort kommen: „Die Menschen sehnen
sich nach deutlich weniger Komplexität. Sie wollen der allgemeinen Verunsiche-
rung mit Übersichtlichkeit und Kontrolle ihres eigenen Lebens begegnen." Im Klar-

text heißt das für jedes Unternehmen: ein überschaubares Sortiment, Produkte mit klarem Nutzen, eine Beschränkung auf die wichtigsten Absatzkanäle sowie einfache, transparente Preisstrukturen.

Reduzierte Komplexität im Preismodell: Budget zeigt, wie es geht!

Einfache und transparente Preisstrukturen. Eigentlich sollte das in jedem Unternehmen, das Kundenorientierung nur ansatzweise verstanden hat, eine Selbstverständlichkeit sein. Doch die Realität sieht anders aus. Ein Beispiel: die Bahn in Deutschland. Noch im Oktober 2002 verkündete Bahnchef Mehdorn siegesgewiss: „Wir wollen die beste Bahn in Europa sein, auch dank unseres neuen Preissystems." Wie sich schnell nach Einführung des neuen Preissystems herausstellte, war das eine Illusion. Es waren nicht etwa die Kunden, die plötzlich zu Volltrotteln mutierten und das Preissystem nicht mehr verstanden –, sondern dessen Kompliziertheit führte zu enormen Problemen. Besonders ironisch mutete in diesem Zusammenhang das Versprechen der Bahn an, mit der Reform des Preissystems den Tarifdschungel für die Kunden durchschaubarer zu machen.

So sah die Theorie aus – in der Praxis bildeten sich lange Schlangen vor den Fahrkartenschaltern und in den Reaktionen der Fahrgäste blieben die Wörter „Blödsinn" und „Unverschämtheit" nicht aus. Das bekamen – wie so häufig – nicht diejenigen zu spüren, die diesen gigantischen Unsinn verzapft hatten, sondern die Damen und Herren an den Schaltern der Bahn und in den Zügen. Und mittendrin saß die ratlose Unternehmensleitung, die eigentlich alles besser und einfacher machen wollte. Inzwischen ist das reformierte Tarifsystem nochmals überarbeitet worden und verständlicher geworden. Da muss die Frage erlaubt sein: Warum führt ein Unternehmen überhaupt ein Preissystem im Markt ein, das man selbst nicht ganz durchblickt, bei dem die eigenen Computer streckenweise überfordert sind und bei dem die Abweichung vom Standardticket „einmal hin und zurück" leicht zum Problemfall gerät?

Dabei wäre die Lösung ebenso einfach wie naheliegend: Mit einfachen und transparenten Preisstrukturen kann man beim Kunden punkten. Wie das funktioniert, zeigt das Beispiel des Autovermieters Budget.

Erinnern Sie sich, als Sie zum letzten Mal einen günstigen Mietwagentarif über das

Abbildung 37: Einfach gut: Bei Budget gibt's nur zwei Preise

Internet gesucht haben? Der Tarifdschungel der meisten Anbieter schafft mehr Verwirrung als Klarheit. Auch nach zeitintensivem Suchen ist der Kunde nicht wirklich sicher, ob er nun das günstigste Angebot erwischt hat – und das führt wiederum zu Stress.

Konventionelles Denken bedeutet, dass sich Unternehmen fröhlich an diesem Verwirrspiel für die Kunden beteiligen und diese mit noch ausgefalleneren Sondertarifen zu ködern versuchen. Clevere Business-Querdenker hingegen haben erkannt, dass die Kunden a) nicht so blöd sind, darauf noch hereinzufallen, und b) zunehmend genervt sind von der Komplexität der Preismodelle. Deren Vereinfachung und Verschlankung wird immer mehr zu einem überzeugenden Kaufargument.
Das Beispiel der Autovermietung Budget zeigt eindrucksvoll, dass sich mit der Reduktion der Komplexität des Preismodells ein echter Kundennutzen schaffen lässt. Während der Kunde, der ein Auto mieten möchte, bei der Konkurrenz die Auswahl zwischen Hunderten von Tarifen und einer fast ebenso hohen Anzahl von Automodellen hat, gibt es bei Budget Deutschland nur noch zwei Tarife: Economy und Business. Für 39 bzw. 59 Euro bekommt der Kunde neben dem Fahrzeug der gewählten Klasse unbegrenzte Kilometer und Vollkasko mit Selbstbehalt. Vorteil für den Kunden: höchstmögliche Transparenz. Die aufwändige Suche nach dem günstigsten Angebot entfällt. Die Entscheidungskonfusion entfällt, denn man weiß, was man für sein Geld bekommt.

 Es verdrießt die Menschen, dass das Geniale so einfach ist. Sie vergessen, dass sie noch Mühe genug haben, es umzusetzen.

Johann Wolfgang von Goethe

Einfachheit als Unternehmensphilosophie

Um Komplexität zu reduzieren, reicht es nicht, das Preismodell zu vereinfachen oder ein paar Produkte aus dem Sortiment zu nehmen. Einfachheit ist eine Unternehmensphilosophie, die bei der Entwicklung neuer Produkte beginnt (Einfachheit in der Anwendung als oberste Maxime) und sich wie ein roter Faden durch sämtliche nachgelagerten Aktivitäten zieht: Klare Werbebotschaften, eindeutige Ziele und Zuständigkeiten, eine Kundenorientierung, die sich durch alle Abteilungen zieht, und schließlich auch ein Vertrieb, der unnötige Vielfalt an Absatzkanälen rigoros reduziert.

Doch zurück zur Reduktion der Komplexität in der Produktanwendung: Tatsache ist, dass viele Produkte immer komplizierter in ihrer Anwendung werden. Denken Sie nur an Autos, die so mit komplizierter Technologie vollgestopft sind, dass Sie sich als Fahrer erst einmal durch ein 200-seitiges Handbuch kämpfen müssen, bevor Sie überhaupt den Zündschlüssel herumdrehen können. Oder denken Sie an Ihr Handy: Nicht wenige Handynutzer verzweifeln an den unendlich vielen Möglichkeiten ihrer Geräte, von denen sie oftmals nicht einmal mehr die einfachsten Grundfunktionen bedienen können. Und haben Sie mal an einem Fahrkartenautomaten versucht, eine Bahnfahrkarte zu kaufen? Entweder haben Sie einen Nahverkehrsautomaten vor sich und müssen Codes zur Zielauswahl angeben, oder – was noch etwas perfider ist – Sie müssen mit einem Touchscreen kämpfen, der garantiert immer eine andere Funktion auslöst als diejenige, die Sie getippt haben.

Konventionelles Denken bedeutet: Mitmachen im technischen Aus- und Aufrüstungswettbewerb, noch mehr Funktionen reinpacken. Querdenken heißt: *Die Nutzung vereinfachen, indem die Produkte selbsterklärend funktionieren.*

Tatsächlich gibt es viele Beispiele für einfach zu handhabende Produktideen:

✳ Bierflaschen mit Kronkorken, die sich ohne speziellen Flaschenöffner durch eine leichte Drehung öffnen lassen;

✳ Frischteig-Pizza aus der Tiefkühltruhe, die schon auf dem benötigten Backpapier liegt;

* Handys für Senioren, die nur die wichtigsten Funktionen beinhalten;
* Fünf-Minuten-Terrine: Heißes Wasser drauf und fertig;
* die „Swiffer"-Reinigungsprodukte, die sogar Putzmuffel zur Parkettreinigung anregen;
* Waschmaschinen, die automatisch die geeigneten Waschprogramme und nötigen Wassermengen erkennen;
* die einfach zu nutzende grafische Benutzeroberfläche des ersten Macintosh-Computers von Apple, die die Bedienung aller modernen PC-Betriebssysteme wesentlich beeinflusst hat;
* die Menüstrukturen von Nokia-Handys, die intensiven Usability-Tests unterzogen werden, damit sie so einfach wie möglich und ohne lange Einweisung zu nutzen sind. Mittlerweile hat Nokia damit einen weithin akzeptierten Standard gesetzt, der auch von Wettbewerbern weitgehend übernommen wird.

Sense and Simplicity

Der holländische Elektronikkonzern Philips hat sich vor kurzem von seinem Slogan „Let's make things better" (die Dinge besser machen) verabschiedet und definiert sein neues Motto mit „Sense and Simplicity". Dahinter steckt eine neue Philosophie: „Sense" steht für sinnvoll und sinngebend und „Simplicity" für einfach und verbraucherfreundlich.

Abbildung 38: Technik kann gar nicht einfach genug zu bedienen sein: Philips hat es verstanden!

Philips hat es verstanden: Menschen wollen Produkte, die einfach und logisch sind und die ihren Wünschen entgegenkommen. Man denke in diesem Zusammenhang an die Senseo-Kaffeemaschine von Philips, die mit nur drei Knöpfen auskommt: einer für das An- und Ausschalten sowie zwei weitere für die Wahl der Anzahl der Tassen.

„Simplicity" – Einfachheit – ist künftig das Schlüsselwort, das Philips besetzen will. „Wir wollen erreichen, dass die Menschen Philips als das Unternehmen sehen, das moderne Technik einfach macht – einfach und leicht zu erleben", sagt Andrea Ragnetti, Chief Marketing Officer bei Philips.

Eine wachsende Zahl von Unternehmen versteht, dass Kunden nicht mit immer mehr komplizierter Technik überhäuft werden wollen, sondern dass sie eigentlich das genaue Gegenteil wünschen: neue Technologien ja, aber nicht zu Lasten der Benutzerfreundlichkeit. Und dazu muss alles ständig hinterfragt werden: Ist dieses Feature überhaupt nötig oder geht es nicht noch einfacher? Würde etwas fehlen, wenn wir etwas weglassen? Das sind die zentralen Fragen, die bei jeder Produktentwicklung gestellt werden müssen. Denn nur wer den Mut hat, auf Überflüssiges zu verzichten, kann nützliche Dinge produzieren – und dabei gleichzeitig Komplexitätskosten reduzieren.

Business-Querdenk-Box:
Man muss gelehrt sein, um Einfaches kompliziert sagen zu können; und weise, um Kompliziertes einfach sagen zu können.

Charles Tschopp, Schweizer Schriftsteller

Aldi macht es vor! Tchibo zeigt, wie man als Fachgeschäft auf Zeit mit einer reduzierten Anzahl von Produkten äußerst erfolgreich im Markt agieren kann. Budget punktet beim Kunden mit einem radikal vereinfachten Preissystem. Also: Streichen Sie, reduzieren Sie, fokussieren Sie auf das Wesentliche. Schaffen Sie mit Klarheit und Verzicht ein unwiderstehliches Angebot für Ihre Kunden!

Preis

Der Schweizer Zukunftsforscher David Bosshart schreibt in seinem Buch „Billig": Menschen wollen vor allem nur eines: billige Preise. Preis sei das einfachste und zuverlässigste Unterscheidungskriterium geworden. Billig entwickle sich zum Synonym für „gut". Doch ist es tatsächlich so, dass den Unternehmen keine andere Wahl bleibt, als ihre Preise noch billiger zu machen? Gilt immer das Motto: Geschenkt ist noch zu teuer und nur billig ist auch gut?

Wir meinen NEIN. Wir sind fest davon überzeugt, dass Ihr Denken nicht ausschließlich darum kreisen sollte, wie Sie Ihren Preis um ein oder gar zwei Prozentpunkte unter den Ihrer Wettbewerber drücken können. Diese Vorgehensweise ist wenig kreativ und geht auf Dauer an die Substanz. Wie wenig zielführend ein solcher Wettbewerb ist, erkennen Sie schnell, wenn Sie einen Blick auf den deutschen Lebensmitteleinzelhandel werfen. Seit vielen Jahren das gleiche trostlose Bild: Ein ruinöser Preiswettbewerb bei gleichzeitig schwacher Nachfrage lässt die Renditen teilweise auf unter ein Prozent schrumpfen. Den meisten Verantwortlichen im Markt fällt als Antwort nichts anderes ein, als sich mit Umstrukturierungen und Kostensenkungsprogrammen zu beschäftigen. Das ist ein Vorgehen ohne Perspektive, denn jedes noch so kleine Einsparungspotenzial, das ein Unternehmen identifiziert, wird in Windeseile vom Wettbewerb kopiert. Die Lösung: Hinterfragen Sie Aussagen wie „Das geht nicht anders" oder „Das machen doch alle so" und bringen Sie Ideen aus anderen Branchen und Ländern zusammen.

Selbstverständlich ist es nur allzu menschlich, Problemlösungen an den Stellen zu suchen, die uns vertraut sind. Wenn alle beim Faktor Personal einsparen, werden wir einen Teufel tun und die Personaldecke noch aufstocken. Wenn alle Wettbewerber der Meinung sind, dass sich Kunden nur über günstige Preise und kostenlose Zusatzservices gewinnen lassen, werden wir es kaum wagen, diese Services unseren Kunden in Rechnung zu stellen. Wir bewegen uns vorzugsweise auf Terrain, das wir gut kennen. Und wir meinen, dass wir nur intensiv genug dem Wettbewerb über die Schulter schauen müssen, um zu wissen, wohin die Reise geht und welche Antworten es auf unsere Probleme gibt.

Aber – und das haben schon die vorangegangenen Kapitel gezeigt – nicht einer der Business-Querdenker, die wir vorgestellt haben, ist mit dieser Methode zum Erfolg gekommen. Sie alle haben nicht auf dem eigenen Terrain, sondern *jenseits der Grenzen der eigenen Branche nach Antworten gesucht,* sie alle haben *Bestehendes konsequent und wiederholt in Frage gestellt* und sie alle haben sich nicht mit „Das funktioniert in unserer Branche nun mal so" zufrieden gegeben. Das sollte uns eine Lehre sein! Sehen Sie sich woanders um und verbinden Sie Neues mit Vertrautem. Ikeas Ingvar Kamprad konnte seine Möbel zu unschlagbar günstigen Preisen anbieten, weil er günstig einkaufte und einen Teil der Arbeit (Möbeltransport und Aufbau der Möbel) an die eigenen Kunden delegierte und nicht, indem er sein Personal bis an die Schmerzgrenze reduzierte. Michael Dell bietet seinen Kunden gute Produkte zu einem günstigen Preis, indem er das branchenübliche Geschäftsmodell auf den Kopf stellte und seine PCs nur direkt an die Endverbraucher verkauft. Das bestellte Produkt wird nach den Wünschen des Kunden konfiguriert und dies geschieht erst nach Auftragseingang. Das ist nun wirklich clever, denn Dell baut Computer für seine Kunden, indem man ihr Geld dazu benutzt! Sie sehen, es kann funktionieren! Business-Querdenken ist Cleverness, die sich aus den folgenden Elementen zusammensetzt: Neugier, Elan und dem Mut, Dinge bewusst anders als die Wettbewerber anzugehen.

Mit Billigpreisen um die Kunden kämpfen? NEIN!

Auf der Jagd nach den Kunden wird ein wirksames, aber äußerst gefährliches Mittel eingesetzt: der billigste Preis. Damit lockt man zwar die Kunden – ist sie aber in dem Augenblick auch schon wieder los, in dem der Wettbewerber die eigenen Preise um ein paar Cent unterbietet. Das zweite Problem: Aufgrund der Preisdrückerei schrumpfen die Margen, und um ein einigermaßen passables Ergebnis einzufahren, muss an der Kostenschraube gedreht werden. Allerdings sind viele Kostenblöcke, darunter die Mitarbeiter, in den meisten Unternehmen bereits so weit reduziert worden, dass sie einfach nicht mehr weiter verkleinert werden können. Sie wissen ja, einem nackten Mann kann man nicht in die Tasche greifen – da hilft auch keine Neuauflage des Sparprogramms!

Wie können wir wissen, wann die Umstrukturierung abgeschlossen sein sollte? Bis wohin schneidet man Fett ab, ab wann verletzt man den Muskel?
Gary Hamel, Business-Stratege

Damit wir uns nicht falsch verstehen: Umstrukturierungen und Kostensenkungs-programme sind sinnvolle und wichtige Maßnahmen; doch sie dienen eher dazu, Fehler der Vergangenheit nachträglich zu korrigieren, als dazu, ein Unternehmen fit für die Zukunft zu machen. Sie sind kein Ersatz für eine gute Strategie und einen klaren Zukunftsentwurf. Jedes Unternehmen, das es zur Meisterschaft in Kosten-senkungsprogrammen bringt, dabei aber versäumt, die Märkte von morgen aufzu-bauen, wird sich in einer Tretmühle wiederfinden, in der es dauerhaft auf der Flucht vor den stetig sinkenden Margen ist.

Die logische Folgerung lautet: Es ist nicht genug, die Preise der Konkurrenz um eini-ge Prozentpunkte zu unterbieten. Warum? Preisreduzierungen sind, wie der Strate-gieguru Michael Porter sagt, meistens „wahnwitzig", sobald die Konkurrenz ihre Preise auf das gleiche Niveau senken kann. Gleiches gilt für die Einsparungen bei den Kostenblöcken. Das sind alles nur sehr kurzfristige Lösungen, denn die Konkur-renz zieht sofort nach.

Weitblick statt Kurzsichtigkeit: Der Preisfalle entkommen

Wie also handeln Business-Querdenker? Was tun sie, um aus der Tretmühle der rui-nösen Preiswettkämpfe herauszukommen? Zunächst einmal setzen sie alles daran, den Weitblick zu behalten. Das ist entscheidend! Lassen Sie es nicht zu, dass das dringliche Tagesgeschäft das Bedeutsame in den Hintergrund drängt. Hektisch auf die Aktionen der Wettbewerber zu reagieren und kurzfristig an der Kostenschraube zu drehen vermittelt lediglich die Illusion, die Dinge wirklich im Griff zu haben – wer so vorgeht, wird kaum zu nachhaltigen Innovationen finden.

Sie müssen sich Zeit zum Nachdenken nehmen. Grübeln Sie, brainstormen Sie, überlegen Sie permanent, wie Sie Unkonventionelles zu Wege bringen können. Denn wenn es Ihnen gelingt, ein neues Preismodell zu entwickeln, das gegen alle Branchenkonventionen verstößt, können vielversprechende Konsequenzen daraus hervorgehen: Die Erlangung eines temporären Monopols, der Vorstoß in einen ganz neuen Markt, eine Lerninfrastruktur mit einem entsprechenden Vorsprung zur Entwicklung neuer Produkte und Services für eine neue Generation von Kunden – und natürlich Umsatzwachstum und Gewinnspannen, die nicht nur Ihre Investoren, sondern auch Sie glücklich machen.

Wer nun mal keine deutlichen, schwer kopierbaren und ständig beweisbaren Wettbewerbsvorteile hat, kann den Wettbewerb leider nur über den Preis führen. Und dieser Preisdruck wird noch zunehmen. Vor allem zwischen substituierbaren, also sehr ähnlichen Produkten. Unikate werden dieses Problem nicht haben! Machen Sie also Ihr Unternehmen zu einem Unikat!

Klaus Kobjoll, deutscher Hotelier, Buchautor und Trainer

Das meinen wir mit *konsequent anders* und *konsequent clever:* Es geht nicht darum, die Preise der Wettbewerber, koste es, was es wolle, um einige Prozentpunkte zu unterbieten, sondern vielmehr darum, einen strukturellen Kostenvorteil aufzubauen. Doch das ist nicht der einzige Weg: Sie können ebenso das in Ihrer Branche übliche Preismodell in Frage stellen oder es radikal vereinfachen, wie es zum Beispiel der Autovermieter Budget getan hat und damit seinen Marktanteil innerhalb von drei Monaten verdoppeln konnte. Und Sie müssen danach streben, aus Kundensicht wahrnehmbar anders zu werden. Denn wenn es Ihnen gelingt, aus dem Teufelskreis der Vergleichbarkeit herauszukommen, ist der Kunde auch bereit, für diese Einzigartigkeit Geld auszugeben.

Stellen Sie die Preis-Frage: Jetzt!

Sehr gründlich über das Thema Preis nachzudenken lohnt sich. Doch werden wir keine Anleitung zum Kostensparen liefern und Ihnen erklären, wie Sie Ihren Preis um 0,5 Prozent reduzieren oder mit großzügigen Preisnachlässen Kunden für sich gewinnen können. Für Letzteres lautet unser Credo: Rabat(t) ist eine Stadt in Marokko und sonst nichts. Wir wollen uns dem Thema Preis mit Cleverness nähern und schauen, was sich damit Intelligentes anstellen lässt.

Die folgenden Beispiele zeigen, dass Preismanagement nicht notwendigerweise kompliziert sein muss. Also vergessen Sie für einen Moment die nachfrageorientierte Preisbildung mit Hilfe des Preis-Leistungs-Quotienten oder der hedonischen

Preisfunktionen. Gehen Sie kreativ und clever an die Preis-Frage heran. Kreativität bedeutet dabei nicht, alles neu zu erfinden. Die Ideen liegen buchstäblich auf der Straße, Sie müssen sie nur aufsammeln und auf Ihre Situation übertragen. Oder, um es mit dem chinesischen Philosophen Lao Tse auszudrücken: „Dinge wahrzunehmen ist der Keim der Intelligenz."

Dabei müssen Sie auch nicht gleich alles revolutionieren – das zeigt das Beispiel des Fisch-Buffets bei Ikea, das Sie schon für wenige Cent genießen können – allerdings müssen Sie sich ein wenig zurückhalten, denn abgerechnet wird nach Gewicht. Die meisten anderen Speisen im Ikea-Restaurant gibt es klassisch zum Festpreis, für manche Sonderaktionen gilt aber auch: „All you can eat!" Der Mix macht den Unterschied!

Das Fazit: **Pricing muss clever sein!** Mit Rabatten und wettbewerbsgetriebenen Preissenkungen allein lässt sich nichts gewinnen – Business-Querdenken ist gefragt!

Preis-DNA: Stellen Sie etablierte Preismodelle infrage

Der klassische Denkansatz stellt die Grundlagen der Preisfindung für die eigene Branche nicht infrage. Benzin wird pro Liter, Äpfel werden nach Gewicht, Gemüse-gurken pro Stück und Wein wird pro Flasche verkauft. Rechtsanwälte werden nach Streitwert oder Stundenhonorar entlohnt; Berater nach Zeitaufwand (Tagessätze). Obwohl Moses vom Berg Sinai keine Tafeln mitbrachte, auf denen definiert war, wie das Preismodell einer Branche auszusehen hat, scheinen diese Regeln für fast jede Branche in irgendeinen Stein gemeißelt zu sein. Und sie werden weder von den Anbietern noch von den Kunden hinterfragt. Das Preismodell in einer Branche in-frage zu stellen heißt, ganz bewusst zunächst das Verrückte zu denken – und es auch auszuprobieren!

Business-Querdenk-Regel 12:
Preis-DNA: Stellen Sie etablierte Preismodelle infrage!

Konventionelles Denken: Das Preismodell der eigenen Branche wird als gegeben an-gesehen und Ihre Suche gilt den Optimierungsmöglichkeiten innerhalb dieser Grenzen.

Business-Querdenken: Vergeuden Sie Ihre Energien nicht damit, das branchen-übliche Preismodell zu optimieren bzw. einen Tick günstiger als Ihr Wettbewerb zu sein, sondern schaffen Sie sich ein eigenes Preismodell!

Ist es nicht eine interessante Idee, den Preis eines Autos nach seinem Gewicht zu berechnen? Ein Kilo Smart für 12 Euro oder ein Kilo Mercedes E-Klasse für 21 Euro ... Sie halten das für absurd? Vielleicht ist es das, doch gerade in diesen Ideen, die auf den ersten Blick unmöglich erscheinen, kann ein interessanter Denkansatz zur Dif-ferenzierung und zur Innovation liegen: Manchmal ergeben sich durch den Bruch mit Traditionen ganz neue Geschäftsideen.

Business-Querdenker beschreiten andere Wege. Anstatt das branchenübliche Preismodell zu optimieren, schaffen sie ein eigenes. Und wie das aussehen kann, zeigt
das folgende Beispiel:

Ein eigenes Preismodell erfinden:
Beratung zur Monatspauschale

Das IBF – Institut für Betriebsführung AG, eine Unternehmensberatung für mittel-
ständische Unternehmen, stellt nicht wie üblich Tages- oder Stundensätze für die in
Anspruch genommenen Beratungsleistungen in Rechnung. IBF verrechnet seinen
Auftraggebern eine Monatspauschale, die sich nach der Anzahl der Mitarbeiter des
Kunden richtet. Mit dieser kalkulierbaren Pauschale sind die Beratungsleistungen,
die während eines Monats anfallen, abgegolten.

Aus der Sicht der Kunden ist das eine sehr gute Idee, denn sie können mit einer
festen Größe kalkulieren und müssen am Monatsende nicht auf „böse" Überraschungen in Form von dicken Beraterrechnungen gefasst sein. Auch steht ihnen der
gesamte Beraterpool rund um Betriebswirtschaft, Marketing, Vorsorge, Personalwe-
sen und Finanzierung zur Verfügung: Keine Notwendigkeit also, für jede neue Fragestellung einen eigenen Beratervertrag abzuschließen. Alles in allem bringt dieses
Preismodell eine bessere Convenience für die mittelständischen Kunden.

Aber auch für das IBF rechnet es sich: Die Bindung der Kunden an das Unternehmen
ist sehr hoch, die Einnahmen für die kommenden Monate können gut prognostiziert
werden. Auch sind die Overhead-Kosten für Projektkalkulation und Rechnungsstel-
lung geringer als beim traditionellen, aufwandsbasierten Preismodell. Und die Berater profitieren von der Zufriedenheit der Kunden, die das Modell als „fair" empfinden.

Übrigens: So neu ist dieses Preismodell gar nicht! Zahlreiche Großunternehmen
vereinbaren mit externen Beratern in Rahmenverträgen pauschale Vergütungen in
einem bestimmten Rahmen. Erst wenn dieser Rahmen überschritten wird, greift
wieder die aufwandsbezogene Abrechnung. Allerdings müssen hier die Konditionen immer wieder neu verhandelt werden. Das IBF-Modell hingegen gilt für alle
Kunden und Projekte gleichermaßen.

Wie sieht es bei Ihnen aus? Können aufwandsbezogene Kalkulationen durch Pau-
schalen ersetzt werden? Was würde ein solches Unterfangen für Ihre Kunden bedeuten, was für Ihr Unternehmen?

Dem Mitbewerb ausweichen: Einfach clever

Das IBF-Modell zeigt noch etwas Wichtiges: Wenn wir darüber sprechen, das Preismodell unserer Branche infrage zu stellen, geht es nicht immer darum, sich gegenüber der Konkurrenz zu positionieren, sondern auch darum, den Wettbewerbern
auszuweichen. Dieses Vorgehen basiert auf der Idee, *statt einen frontalen Angriff
über den Preis zu führen, das Spielfeld einfach zu verlagern*. Der Schlüsselgedanke,
der dahinter steckt: Sie müssen sich von der Konkurrenz differenzieren – nur das
führt zu einer starken und langfristigen Wettbewerbspositionierung.

Wie gehen Sie dabei vor? Zunächst einmal müssen Sie sich darüber klar werden,
welches Preismodell in Ihrer Branche die Norm ist. Welche Modelle und ungeschrie-
benen Konventionen gibt es? Der nächste Schritt besteht darin, dieses Preismodell
auseinanderzunehmen, die Bestandteile zu begutachten, auszutauschen, zu ergänzen, zu verändern und das Ganze anschließend wieder zusammenzusetzen – wie
das in der Praxis funktionieren kann, zeigt unser nächstes Beispiel:

Durch Mischfinanzierung neue Einnahmequellen erschließen

Sie möchten ein Inserat in einer Zeitung schalten, z. B. um Ihre alte Küche loszuwerden? Dann entspricht es der Branchennorm, dass Sie für die Anzeigenbuchung
einen festgelegten Preis zahlen, der sich nach der Länge des Inserats, dem Medium,
der Auflagenhöhe und Reichweite richtet. Wer in der Zeitung eine Anzeige aufge-
ben möchte, der trägt die Kosten für das Inserat – so ist das nun einmal!

Das muss aber nicht so sein: Anzeigenzeitungen – wie „Bazar", „Sperrmüll" oder
„Zweite Hand" – haben dieses Preismodell auf den Kopf gestellt. Hier sind Inserate
von privaten Anbietern kostenlos, finanziert wird das Anzeigenblatt neben gewerb-
lichen Anzeigen primär durch die Käufer der Zeitung über den Zeitungspreis.

Gerade im Mediensektor kann man diese Art der Mischfinanzierung besonders gut
beobachten: Die privaten Radio- und Fernsehstationen haben in den vergangenen
Jahren neue Wege erdacht, um zusätzliche Erlösquellen zu erschließen. So sind
Quizsendungen, bei denen sich die Zuschauer über teure Mehrwert-Rufnummern
beteiligen und Gewinne einheimsen können, nicht nur zu festen Bestandteilen der
Programmgestaltung, sondern auch der Finanzierung der Sender geworden. Was
den Zuschauern als Serviceangebot und innovatives Mitmachfernsehen erscheint,

ist für die Sender vor allem eine lukrative Einnahmequelle, die angesichts rückläufiger Werbebuchungen an Bedeutung gewinnt.

Wer bezahlt? Nicht Ihr Kunde!

Im Hinblick auf das Abweichen vom branchenüblichen Preismodell gibt es für Sie noch weitere Möglichkeiten: Sie können dem Kunden den vollen Preis in Rechnung stellen oder aber ihn nur einen geringen Anteil zahlen lassen. Wer zahlt den Rest? Dafür finden Sie Sponsoren, die den größten Teil der Kosten übernehmen. So funktioniert zum Beispiel das innovative Preismodell eines neuen österreichischen Autovermieters. Die Idee: Kunden können Autos für eine Gebühr von nur einem Euro pro Tag mieten. Der „Trick": Die unschlagbar günstigen Mietkosten sind möglich, weil die Autos, allesamt Smarts, als fahrende Litfaßsäule von möglichst vielen Menschen gesehen werden. Die Haupteinnahmen stammen von den Werbekunden, die die Autos als Werbeflächen mieten.

Hinter dem Unternehmen steht der Ex-Rennfahrer, Pilot und Unternehmer Niki Lauda. Ausgangspunkt für die Geschäftsidee hinter „Lauda Motion", so der Name

Abbildung 39: Rollende Plakatsäulen: Der Ein-Euro-Smart

der Autovermietung, war die zentrale Frage: „Wer sagt denn, dass Mietwagen immer vom Mieter gezahlt werden müssen?" Festgeschrieben ist das nirgends. Nur müsste man erst einmal jemanden finden, der die Kosten übernimmt.

Eine weitere Besonderheit ist auch, dass es eine Kilometerbegrenzung nach unten gibt. Eine gewisse Anzahl von Kilometern ist Pflicht, um die Werbung entsprechend spazieren zu fahren.

Lauda Motion zeigt, wie Preismodelle, die in einer Branche bisher noch nicht üblich sind, eine interessante Chance zur Differenzierung vom Wettbewerb und zur Innovation bieten. Deshalb ist es eine sehr lohnende Überlegung, Preismodelle aus anderen Branchen gedanklich auf Ihre Branche zu übertragen und zu überlegen, inwiefern Sie diese als interessante Innovation umsetzen können.

Dabei kommen sich klassische Autovermieter wie Budget oder Sixt und Lauda Motion nicht wirklich in die Quere, denn sie sprechen unterschiedliche Zielgruppen an. Geschäftsleute werden nicht mit einer fahrenden Plakatsäule im Smart-Format zum nächsten Geschäftstermin reisen und notfalls noch ein paar Runden in der Stadt drehen, um die Mindestkilometer abzufahren. Und derjenige, der einen günstigen, kleinen Wagen für zwischendurch braucht, wird kaum einen Audi A6 von Budget mieten.

Der ultimative Preis: Gratis!

Die werbefinanzierten Smarts werden durch eine innovative Mischkalkulation möglich gemacht – wobei der Mietpreis, den der Kunde zahlt, lediglich symbolischen Charakter hat. Um ein ähnliches Kalkulationsexperiment geht es auch im nächsten Beispiel, allerdings unter etwas anderen Vorzeichen.

Das Open-Source-Betriebssystem Linux revolutioniert die Softwarebranche, denn die Software ist kostenlos verfügbar. Doch woran verdienen die Distributoren und Systemhäuser, wenn das Produkt gratis zu bekommen ist?

Im klassischen Preismodell wird Software über ein Lizenzmodell abgerechnet. Pro Arbeitsplatz oder Prozessoreinheit (CPU) muss eine Windows- oder Office-Lizenz von Microsoft erstanden werden. Je mehr Nutzer, umso teurer wird es für den Kunden. Zusätzlich werden regelmäßig neue Versionen der Software entwickelt, die dann als kostenpflichtige Updates und Upgrades erworben werden müssen.

Nicht so bei Linux. Hier können Sie sich die Software aus dem Internet herunterladen und beliebig oft installieren. Auch Updates werden kostenlos zur Verfügung gestellt. Trotzdem verdienen manche Unternehmen nicht schlecht mit Linux und anderer freier Software. Wie funktioniert das?

Verdient wird über Serviceleistungen. Distributoren stellen verschiedene freie Softwarepakete zusammen, stimmen sie aufeinander ab, entwickeln einfache Installationsroutinen und stellen dieses Paket dann als eigene Linuxdistribution mit zusätzlichen Handbüchern kostenpflichtig zur Verfügung. Bequem für den Kunden, denn er erspart sich eine Menge Aufwand, alles selbst aufeinander abzustimmen. Und auch mit Schulung, Beratung und individuellen Anpassungen wird viel Geld verdient: Zwar sind die zugrunde liegenden Software-Bestandteile gratis, aber das Know-how im Umgang mit diesen Produkten wird zum Kapital – und so zur lukrativen Umsatzquelle. Das weit verbreitete Content-Management-System Typo3 beispielsweise kann es mit kommerzieller Software aufnehmen, die tausende Euro kostet. Aber Typo3 ist kostenlos zu haben. Um jedoch ein solches System optimal auf den geplanten Einsatz abzustimmen, braucht es viel Erfahrung. Die Typo3-Entwickler haben dies erkannt und bieten rund um die Software umfassenden kostenpflichtigen Support an.

Abrechnen im Takt: Die Anwaltshotline

Eine weitere Chance für ein innovatives Preismodell: Setzen Sie einen niedrigen Grundtarif an und rechnen Sie diesen im Zeittakt ab. Das Beispiel: In Deutschland sind seit kurzem so genannte „Anwaltshotlines" auf dem Markt tätig, die Fragen zu den Themen Verkehrsrecht, Mietrecht, Arbeitsrecht, Familienrecht oder Erbrecht am Telefon beantworten. Die Gesamtkosten des Dienstes richten sich nach der Dauer des Gesprächs und betrugen im Herbst 2004 etwa 1,90 Euro pro Minute. Die Kosten werden über die Telefongesellschaft des Anrufers im Rahmen der normalen Telefonrechnung eingezogen.

Anwaltshonorare pro Minute abzurechnen entspricht dabei so gar nicht dem klassischen Selbstverständnis der Branche. Üblich ist es, nach Gebührenordnung und Streitwert entlohnt zu werden. Dass das aber nicht so sein muss, zeigt auch ein Blick in die USA: Dort werden Anwälte häufig nach Aufwand entlohnt, in anderen Fällen wird eine Erfolgsbeteiligung (z. B. bei Schadensersatz- und Schmerzensgeldprozessen) vereinbart.

Das Produktionsmittel vermieten: Kuhleasing

Und es gibt noch mehr Wahlmöglichkeiten für Innovationen im Preismodell. Wie wäre es, Ihre Produktionsmittel zu vermieten, anstatt das mit Hilfe dieser Produktionsmittel hergestellte Endprodukt stück- oder literweise zu verkaufen? Wie das funktioniert, können Sie unter anderem in der Schweiz sehen: Für eine Leasinggebühr von 380 Schweizer Franken werden Sie für die Dauer eines Sommers zum Bergbauern auf der Alp Tschingelfeld. Nicht persönlich, denn die von Ihnen „geleaste" Kuh – die Sie auch persönlich begutachten können – wird natürlich professionell betreut. Am Ende der Saison wird Ihnen der Ertrag „Ihrer" Kuh in erstklassigem Alpenkäse ausbezahlt. Den können Sie selbst genießen, verschenken oder auch verkaufen.

Je nach Leistungsvermögen der Kuh ergeben sich weitere Produktionskosten wie der Melklohn von 0,40 Franken pro Liter und die Kosten für die Käsezubereitung von maximal 0,75 Franken. Das Modell erfreut sich großer Beliebtheit. So hat der Bauer die Kosten für die Viehhaltung vorfinanziert und die Kunden erwartet erstklassiger Käse von der eigenen Kuh.

Immer mehr Bauern adaptieren mittlerweile dieses Modell. So können Sie Ihr eigenes Huhn leasen und erhalten laufend frische Eier. Oder Sie leasen Ihr persönliches Schwein und erfreuen sich später an leckerem Schinken. Das Angebot reicht bis zur eigenen Gemüseparzelle, die allerdings selbst gepflegt und abgeerntet werden

Abbildung 40: Kuhleasing: Wolltest du schon lange eine Kuh, hattest aber keinen Platz, sie unterzustellen?

muss. Die Aussaat und die Betreuung bis zum Frühling übernimmt der Landwirt. Die Nachfrage ist größer als das Angebot, und die auf diese Weise genutzten Anbauflächen werden ständig erweitert. Das alles sind keine Millionengeschäfte, die die Welt revolutionieren werden; für die Landwirte aber ein lukratives Zusatzgeschäft.

Vorfinanzierung durch den Kunden: Einstürzende Neubauten

Ein Unternehmen, das sich wirklich das Prädikat „Querdenker" verdient hat, ist die Industrial-Sturm-und-Drang-Rockband Einstürzende Neubauten. Die Band hat es geschafft, die eigenen Fans dazu zu bringen, ihr neues Projekt vorzufinanzieren, für das das benötigte Kapital nicht vorhanden war.

Im klassischen Fall müssten Sie sich jetzt eine Musikband vorstellen, die Businesspläne aufstellt und deren Mitglieder dann in Anzug und Krawatte von einem Geldgeber zum nächsten marschieren. Passt irgendwie nicht, sagten sich die Einstürzenden Neubauten. Und haben sich zur Finanzierung ihres nächsten Albums etwas Neues einfallen lassen: Jeder, der 35 Euro bezahlte, hatte als Unterstützer die Möglichkeit, die Aufnahme-Sessions per Live-Stream im Internet zu verfolgen und sie im Chatroom zu kommentieren. Außerdem konnte er sich eine eigene Neubauten-E-Mail-Adresse zulegen (etwa: anja@neubauten.org), neue Songs hören und – das Wichtigste – er bekam Aufnahmen auf CD und DVD, die nicht im Handel erhältlich sind.

Die Idee zu diesem ungewöhnlichen Preismodell kam von Erin Zhu, der kalifornischen Webmasterin von www.neubauten.org, die zuvor lange in Internetfirmen im Silicon Valley gearbeitet hat. Nötig wurde das Projekt, weil die Band finanziell nicht besonders erfolgreich ist, wie Blixa Bargeld, Chef der Berliner Band, freimütig erklärt: „Wir sind eine weltbekannte Band, aber keine, die weltbewegende Umsätze macht."

Es hat funktioniert: Im Berliner Studio der Band wurden drei Videokameras installiert, deren Bilder ein Server ins Internet übertrug. Insgesamt fanden sich fast 2.000 „Musikproduzenten", die 35 Euro bezahlten und so zu Projektfinanziers wurden. Nun, dass eine Musikband sich um Dinge wie die Finanzierung ihrer nächsten CD kümmern muss, erscheint logisch. Aber hätten Sie gedacht, dass auch religiöse Orden nach neuen Einnahmequellen suchen müssen – und neue Wege gehen?

Immaterielles materialisieren: Die Miet-Nonne

„Adopt a Sister" heißt das Programm der Sisters of St. Francis of the Third Order Regular of Williamsville, New York, an dem sich Gläubige beteiligen können, die gleichzeitig finanziell helfen und einen guten Draht „nach oben" aufbauen wollen. Das Nonnen-Adoptionsprogramm ist durchaus ernst gemeint und bietet attraktive Preis- und Zeitstaffeln:

Nonnen können wahlweise für die Dauer von einem, zwei oder fünf Jahren zu jährlichen Spendenbeträgen zwischen 100 und 500 US-Dollar „adoptiert" werden. Im Gegenzug wird der edle Spender in die Wünsche und Gebete der adoptierten Schwester aufgenommen.

Innovative Preismodelle statt Subventionsgläubigkeit

In Zeiten, in denen jeder Vorschlag für eine Kürzung von Subventionen und anderen staatlichen Fördermitteln mit einem Aufschrei nach einer „Ausgleichssubvention" für die entgangenen Mittel quittiert wird, macht dieses Beispiel glücklich: Es kann also auch anders funktionieren, ohne den Ruf nach staatlicher Unterstützung. Stattdessen wurde eine ebenso pfiffige wie innovative Idee in die Tat umgesetzt – und das wohlgemerkt von einer Institution, die sich sicherlich mit dem Thema Neuerung nicht immer ganz leicht tut.

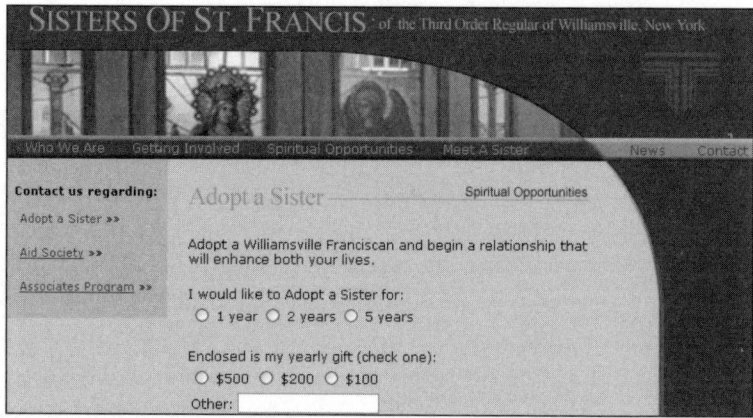

Abbildung 41: Mit der Miet-Nonne ist der gute Draht nach oben sicher

Überhaupt zeigen alle Beispiele, wie sich mit Kreativität, Erfindungsreichtum und einer Portion Mut neue Wege beschreiten lassen. Eine wunderbare Lektüre auch für die hauptberuflichen Bewahrer des Status quo, die die Lösung für jede Veränderung darin sehen, die Politik und die Subventionsgießkanne auf den Plan zu rufen. Das Ziel kann es jedoch nicht sein, überholte Geschäftsmodelle und veraltete Branchen um jeden Preis am Leben zu halten. Dafür muss die Gesellschaft einen zu hohen Preis bezahlen!

Es kann nicht darum gehen, Dinosaurier mit Subventionen, Protektionismus und einseitiger Beschaffungspolitik bei lebendigem Leibe einzubalsamieren, wie Gary Hamel so treffend bemerkt. Das Ziel muss vielmehr sein, schon vorher die Veränderungen zu erkennen und mit Flexibilität und Einfallsreichtum darauf zu reagieren.

Alle Beispiele zeigen auch, wie Querdenker etablierte Finanzierungsmodelle durchbrechen. Dabei wirkt das neue Preismodell gleich doppelt: Es kann helfen, die eigene Einnahmesituation zu verbessern, dient aber vor allem auch der Differenzierung im Wettbewerb. Plötzlich gibt es etwas, worüber die Menschen reden. Dieser Faktor kann gar nicht genug betont werden: Wenn Sie ein wirklich innovatives Preismodell einführen, kann der Marketingeffekt enorm sein!

Business-Querdenk-Box:

Menschenkenner haben immer gewusst, dass man den Leuten eine teure Sache leichter verkaufen kann als eine billige.

William Somerset Maugham, englischer Erzähler und Dramatiker

Vergeuden Sie Ihre Energien nicht damit, das branchenübliche Preismodell zu optimieren bzw. einen Tick günstiger als Ihr Wettbewerb zu sein, sondern schaffen Sie ein eigenes Preismodell! Zeigen Sie Einfallsreichtum, Mut und Kreativität und stellen Sie etablierte Preismodelle Ihrer Branche auf den Kopf. Es geht nicht darum, billiger als der Wettbewerb zu sein, sondern darum, cleverer zu sein! Denken Sie an die Anwaltshotline, die nicht nach Gebührenordnung oder Streitwert abrechnet, sondern im Telefontakt, oder an das Unternehmen Lauda Motion, das Smarts zum sagenhaften Preis von einem Euro pro Tag vermietet – möglich wird dieser Preis durch einen cleveren Querdenkansatz: Man findet eine dritte Partei, die die Kosten für den Mieter übernimmt.

Preispolarisierung:
Gewinnen Sie, indem Sie Ihre Preise nach oben katapultieren oder in den Keller schicken

Der beliebteste Weg, Wettbewerber aus dem Markt zu drängen, führt über den Preis. Das scheint fast in der Natur der Sache zu liegen. Was können Sie tun? Müssen Sie jeden Schachzug eines Wettbewerbers, der sich gegen Sie richtet, parieren? Die Antwort besteht aus einem Wort: NEIN. Die Lösung: *Verlagern Sie das Spielfeld.* Verschwenden Sie nicht Ihre Zeit damit, nachzudenken, wie Sie die Preise der Wettbewerber um einige Cents unterbieten können. Das Ziel muss es vielmehr sein, einen eigenen Preisvorteil aufzubauen. So wie es die Billigflieger gemacht haben, die auch nicht darüber nachgedacht haben, wie sie ihre Tickets um zwei oder drei Prozent billiger als die der etablierten Fluglinien anbieten können. Die Frage war vielmehr: *Wie schaffen wir es, unsere Tickets fünfzig oder gar siebzig Prozent billiger auf den Markt zu bringen?* Dieselbe Frage gilt natürlich auch umgekehrt: Wie kann es uns gelingen, dass Kunden bereit sind, nicht nur zwei oder drei Prozent mehr für unser Angebot zu zahlen, sondern dreißig oder gar fünfzig Prozent? Antworten darauf finden Sie nur, wenn Sie konsequent anders vorgehen.

Mehr herausholen: Die Dekonstruktion des Preismodells

Nehmen Sie den irischen Billigflieger Ryanair: Der Kunde bucht die Flüge über das Internet und erspart dem Unternehmen die Provisionszahlungen für die Reisebüros, Start- und Landegebühren werden drastisch reduziert, indem man die teuren Flughafengebühren meidet und kleine Provinzflughäfen anfliegt, man erhöht die Auslastung der Maschinen, senkt die Standzeiten am Boden auf ein Minimum usw. Aufgrund dieses komplett anderen Vorgehens gelingt es Ryanair, die Kosten pro Flugmeile radikal niedriger zu halten, als es beispielsweise der deutschen Lufthansa möglich ist. Und dieser Kostenvorteil kann natürlich auch über konkurrenzlos niedrige Ticketpreise an den Kunden weitergegeben werden.

Hinter diesem Vorgehen steht ein interessantes Konzept: Der Kunde bezahlt nur noch, was er wirklich braucht. Unternehmen werden gezwungen, ihre Wertschöpfungsketten aufzulösen (Fachbegriff: Dekonstruktion) und zu prüfen: Wo produzieren wir Kundennutzen? Wofür ist der Kunde bereit zu zahlen? Gewinnen Sie Marktanteile, indem Sie die absolute Preishöhe nicht akzeptieren.

Business-Querdenk-Regel 13:
Preispolarisierung: Gewinnen Sie, indem Sie Ihre Preise nach oben katapultieren oder in den Keller schicken!

Konventionelles Denken: Ihre Überlegung gilt der Frage, wie Sie für Ihre Leistungen ein paar Prozent mehr als der Wettbewerb verlangen können oder wie Sie einige Prozentpunkte billiger als die Konkurrenz sein können.

Business-Querdenken: Stellen Sie die absolute Preishöhe Ihrer Leistungsangebote radikal in Frage. Entwickeln Sie Wege, um für Ihre Leistungen fünfzig oder hundert Prozent mehr – oder weniger – als der Wettbewerber verlangen zu können.

Verändern Sie Ihre Preise drastisch nach oben oder unten – und machen Sie den Kunden klar, was den neuen Preis begründet. Discountbäcker und Billigfriseure auf der einen, handverlesene Luxuskaffeebohnen und First-Class-Service auf der anderen Seite: Erlaubt ist, was dem Kunden gefällt!

Die Wertschöpfungskette sprengen: Eine Beispielrechnung

Wollen Sie konsequent Niedrigpreisvorteile aufbauen, so wie es beispielsweise Ryanair getan hat, dann müssen Sie die Wertschöpfungsketten auflösen. Sie dürfen den Kunden nur das anbieten, wofür sie wirklich zahlen wollen. Keine Gimmicks also, oder *no frills*, wie es bei den Luftfahrtgesellschaften heißt. Das Zauberwort lautet *Dekonstruktion*. Das Vorgehen ist dadurch gekennzeichnet, dass bestimmte gewohnte Serviceleistungen weglassen und Organisationsprinzipien bewusst infrage gestellt werden:

✱ Einfaches Ausgangspunkt/Zielpunkt-Modell: Die Fluglinie befördert von A nach B ohne Transfers.

* Nutzung zweitrangiger Flughäfen: Ryanair fliegt kaum große Flughäfen an, da diese meist teuer und überlastet sind. Bei der hohen Bevölkerungsdichte in Europa lässt sich auch mit kleineren Flughäfen ein großer Kundenkreis erreichen.

* Weniger Service: An Bord gibt es weder Gratisgetränke noch Zeitungen. Das spart sechs Prozent.

* Länger in der Luft: Ryanair-Piloten fliegen 800 Stunden im Jahr, während der Durchschnitt in Europa bei 450 bis 550 Stunden liegt. Die Maschinen sind bereits 30 Minuten nach der Landung wieder startklar – der Branchendurchschnitt liegt bei einer Stunde.

* Kostenreduzierung dank Internet: 96 Prozent der Tickets werden online verkauft, was ein Reisebüro-Netz überflüssig macht. Das erlaubt es Ryanair, auch neue Länder schnell zu erschließen, denn eine Website lässt sich in kurzer Zeit in die Landessprache übersetzen.

* Mehr Sitzplätze: Der Sitzabstand wurde verringert und es wurden bis drei Dutzend mehr Sitze in den Flieger geschraubt. Das bringt weitere 16 Prozent.

* Einfachere Abläufe: Freie Platzwahl erspart Flugscheine und Bordkarten.

* Keine Vielfliegerprogramme und Lounges: Zusammen mit den vereinfachten Abläufen spart das zehn Prozent.

* Kein Fremdvertrieb: Der Eigenverkauf über das Internet statt über Reisebüros spart zehn Prozent.

* Besseres Management: Weniger, aber durch Mitarbeiterbeteiligung motiviertes Personal, weniger starre Zuständigkeiten und die Vergabe von Wartung oder Bodenservice an Fremdfirmen spart bis zu sechs Prozent.

* Kluger Zukauf von neuen Maschinen: Das Unternehmen hat seine Kapazitäten durch den Zukauf größerer Maschinen konstant ausgebaut. Zudem nützte es den Nachfrageeinbruch nach dem 11. September 2001 und erstand an die 150 Boeing 737 zum Stückpreis von 25 bis 30 Mio. US-Dollar (der Standardpreis liegt bei 62 Mio. US-Dollar).

Ryanair ist ein prototypisches Beispiel für gelungene Dekonstruktion. Und Sie können eine Menge davon lernen! Fragen Sie sich: Welches Preismodell herrscht in unserer Branche vor? Will der Kunde tatsächlich all die Leistungen, die in unserer Branche zu einem „typischen" Leistungspaket gehören? Oder können wir durch das bewusste Weglassen von Angebotsbestandteilen ein interessantes neues Angebotspaket schnüren?

Die Auskunft kommt vom Kunden – oder von Aldi

Wie erfahren Sie, welche Angebotsbestandteile für den Kunden verzichtbar sind? Eine einfache, aber sehr effektive Lösung: Führungskräfte, die über die Innovation des Preismodells nachdenken, sollten von ihrem Olymp heruntersteigen und zum Kunden gehen. Der einfachste Weg, die Leistungen des eigenen Unternehmens zu beurteilen und herauszufinden, welche möglicherweise überflüssig sind oder welche vom Kunden bei Bedarf – zum Beispiel in Form von Angebotsmodulen – dazugekauft werden könnten, ist, sich selbst die Schuhe des Kunden anzuziehen und die eigenen Produkte zu kaufen. Erst wenn man selbst als Kunde vor dem Regal oder vor dem Verkäufer steht, bemerkt man die wichtigen Details.

Eine zusätzliche Möglichkeit, um Ideen zu sammeln, ist der Blick in Branchen, die das System der Dekonstruktion schon seit langem sehr erfolgreich praktizieren, nämlich die Discounter. Sie wissen genau, was ihre Kernkompetenz ist. Ihre Strategie beschränkt sich auf eine überschaubare Zahl von Aktivitäten. Überdies treffen sie auch klare Aussagen darüber, was sie *nicht* tun: Auch dieser Punkt gehört zu einer guten Strategie, wird allerdings oft vernachlässigt. Bestes Beispiel ist Aldi, wo eine Liste des Verzichts gepflegt wird, also Aktivitäten, die man gar nicht erst anfasst. So erfolgt der Verkauf beispielsweise direkt aus dem Karton, die Belieferung ausschließlich auf Paletten. Die Waren werden im Laden grundsätzlich nach logistischen Überlegungen platziert, um den Mitarbeitern die Arbeit zu erleichtern und um die Produktivität zu steigern. Es werden wenige Statistiken erstellt, hinzu kommt ein bewusster Verzicht auf regelmäßige Erhebung und Auswertung aller denkbaren Daten. Es gibt keine komplexen Einkaufskonditionen und es gelten klare Ziele und Kompetenzen für alle, die auch strikt eingehalten werden.

Maximieren statt optimieren: Discountbäcker

Bei allen Überlegungen zur Innovation Ihres Preismodells muss am Anfang eine entscheidende Frage stehen: Wie können wir den maximalen Nutzen für den Kunden erreichen? Dann folgt die zweite wichtige Frage: Wie kann dieser Kundennutzen in Einklang mit anderen Zielen und Möglichkeiten des Unternehmens gebracht werden?

Ein gutes Beispiel für dieses Vorgehen sind die Discountbäcker. Der maximale Kundennutzen: qualitativ gute und frische Backwaren zu einem unschlagbar günstigen Preis. Wie kann dieser Kundennutzen in Einklang mit den Möglichkeiten des Unternehmens gebracht werden? Durch gezielten Verzicht! Die Ware muss nicht vom Bäcker verpackt und über die Theke gereicht werden. Verzicht auf all das, was der preisbewusste Kunde nicht für absolut nötig hält, zudem eine schlanke Organisation – das sind die Erfolgsfaktoren der Discountbäcker wie BackWerk, Backhouse oder Backfactory. Hier wird das Selbstbedienungsprinzip auf Brötchen, Kuchen und Brot angewendet – Kunden holen Ware selbst aus dem Regal, zahlen an der zentralen Kasse. Die bisher marktüblichen Preise werden um durchschnittlich 30 Prozent unterboten, freilich bei geringerer Auswahl. Die neuen Billigbäckereien werden als Ketten geführt, gemeinsamer Einkauf spart zusätzlich Kosten. Und das Prinzip kommt bei den Kunden an – die Brancheneinsteiger sind auf Expansionskurs.

Das Konzept ähnelt jenem der Billigflieger: Kampfpreise durch deutlich geringere Personalkosten und eingeschränkten Service. Die Filialen sind schlicht und dekorationslos gestaltet, die Sortimente im Vergleich zur traditionellen Bäckerei sehr klein. Die Kunden nehmen sich ein Tablett, legen mit einer Zange Brötchen oder Kuchen auf die Papierunterlage, bezahlen und packen die Ware selbst ein. Ein bis zwei Mitarbeiter backen die Rohteiglinge auf, die palettenweise im Gefrierraum lagern, und füllen laufend Ware nach. Nur einer sitzt an der Kasse.

Dafür braucht es keine Bäckereifachverkäuferinnen, das können auch Ungelernte: Insgesamt sinkt der Personalkostenanteil, der bei einer normalen Bäckerei 35 bis 50 Prozent ausmacht, auf 20 bis 25 Prozent. Zudem ist das Sortiment meist auf 80 bis 100 Produkte beschränkt, während Handwerksbäcker meist mehr als 300 verschiedene Waren anbieten. Die tiefgefrorenen Teiglinge werden europaweit dort eingekauft, wo es günstig ist. PC-Kassen werten ständig aus, wie gut das Geschäft mit welchen Artikeln läuft. Das hilft dabei, den Kundenandrang bis zum Abend genauer vorherzusagen und nur aufzubacken, was voraussichtlich auch verkauft wird. Durch bessere Planung haben viele Discountbäcker abends nur zwei Prozent Reste übrig, üblich sind bei der etablierten Konkurrenz 10 bis 15 Prozent. All dies schlägt sich in Preisen nieder, die im Schnitt ein Drittel unter jenen der Bäckereifachgeschäfte liegen.

Kundennutzen als Leitmotiv: Formule-1-Hotels

Auch die französische Hotelkette Accor zeigt, dass sie es sehr erfolgreich verstanden hat, das Prinzip der Dekonstruktion umzusetzen. Das Beispiel zeigt zudem, wie man schrittweise vorgehen kann, um ein klares Bild des Kundennutzens sowie der verzichtbaren und unverzichtbaren Leistungsbestandteile zu gewinnen.

Die neue Produktlinie von Accor nahm ihren Anfang Mitte der Achtziger Jahre, als sich die französischen Ein- und Zwei-Sterne-Hotels in einer sehr schwierigen Situation befanden: immer weniger Gäste, gleichzeitig aber laufende Fixkosten, die nur durch eine entsprechende Auslastung des Hotels aufgefangen werden konnten. In einem Umfeld, das derart unter Druck steht, sind laue, extrem vorsichtige oder nachahmende Strategien ein Rezept, um im besten Fall gerade so zu überleben oder, im schlechten Fall, unterzugehen. Das erkannte man bei Accor und verfolgte deshalb eine neue Strategie. Man stellte sich die Frage: Welche Bestandteile der Leistung Übernachtung sind für den Kunden in einem Ein-Stern-Hotel und einem Zwei-Sterne-Hotel wirklich wichtig?

Um Antworten zu finden, wurden die Gäste befragt, weshalb sie ein solches Hotel wählen. Das aufgrund dieser Informationen entwickelte neue Konzept „Formule-1-Hotels" zeichnet sich durch gute Betten, Sauberkeit und Ruhe in einem Maße aus, das über das der Zwei-Sterne-Häuser hinausgeht, zu einem Preis, den die Ein-Stern-Hotels verlangen.

Accors Kosten pro Hotelzimmer sind deutlich niedriger als die eines durchschnittlichen Ein-Stern-Hotels. In den Formule-1-Hotels gibt es weder Restaurants noch Lounges; und Zimmereinrichtung, Raumgröße und zusätzliche Serviceleistungen sind auf ein absolutes Minimum reduziert. Leistungsbestandteile, für die die Kunden nicht zu zahlen bereit sind, wurden bewusst weggelassen (Dekonstruktion).

Rationell – schnell – billig: Der unmögliche Friseur

Kunden werden in allen Lebensbereichen mit Schnäppchen, Werbung und Verlockungen bombardiert. Da ist das Friseurgeschäft keine Ausnahme: Treuekarten versprechen einen Gratishaarschnitt nach einer bestimmten Anzahl von Besuchen im Friseursalon, andere wiederum setzen auf Zusatzangebote wie kostenlose Make-Up-Beratung, das Glas Prosecco oder den Gratis-Fönschaum. Um unter diesen Umständen zu überleben, muss man – und das gilt wahrlich nicht nur für Friseure – einzigartig sein und speziell genug auftreten, um sich von der Masse abzuheben. Die Differenzierung von der Masse gelingt der japanischen Friseurkette QBNet über den Preis. QBNet betreibt mittlerweile 200 Salons in Japan – und unterbietet den durchschnittlichen Preis für einen Friseurbesuch um sagenhafte 66 Prozent.

Wie das funktioniert? Es gibt keine Empfangsdame, gezahlt wird am Automaten. Kunden von QBNet gehen mit dem Ticket, das sie am Automaten gelöst haben, zum nächsten freien Stuhl. Der Friseur schneidet nur noch – shampooniert, wäscht und trocknet aber nicht mehr. Das übernimmt das Air-Wash-Head-Vacuum-System, das – ähnlich einer Trockenhaube – an der Decke angebracht ist.

Ein Sensor in jedem Frisierstuhl meldet die Belegung des Salons – eine Ampel zeigt sie an: Grün bei keiner Wartezeit, Gelb maximal fünf Minuten, Rot länger. Die Belegung der Salons wird an die Unternehmenszentrale gemeldet. Salons, die nach diesem Konzept arbeiten, haben Erfolg in Metropolen, richten sich an preisbewusste Kunden, aber auch an solche, die wenig Zeit haben und den raschen, unkomplizierten Service schätzen.

Differenzierung durch hohe Preise

Beeindruckend sind natürlich auch solche Unternehmen, denen es gelingt, sich mit Hilfe hoher Preise zu profilieren. Dabei ist ein hoher Preis nicht notwendigerweise gleichbedeutend mit einem hohen Wareneinsatz. Zwischen dem, was Sie berechnen, und dem, was Kunden glauben, zu bezahlen, kann ein ziemlich großer Unterschied bestehen. Der Grund: Die Preisstruktur des Unternehmens und die Wertstruktur eines Kunden ist nicht immer dasselbe. Wenn Sie sich im Drogeriemarkt einen Kamm kaufen, bezahlen Sie für eine ordentliche Frisur, wenn Sie eine Zeitung kaufen, bezahlen Sie für die Information oder die Unterhaltung:

 **Großartige Unternehmen konkurrieren über den Wert und nicht lediglich über den Preis. Einer der größten Fehler vieler Manager ist der Irrglaube, dass Wert und Preis für den Kunden das Gleiche bedeuten. Richtig ist: Der Preis ist zwar eine Komponente, ein Teil des Wertes, ist aber nicht identisch mit dem Wert.**

Leonard L. Berry, Marketingprofessor an der Texas A & M University

Ein Unternehmen, das die Wertstruktur seiner Kunden begreift, kann so zu einem Preisinnovator werden. Vorbilder dafür gibt es in den verschiedensten Branchen: der kanadische Cirque du Soleil beispielsweise, der den Zirkus neu positioniert und damit einhergehend die Verkaufspreise für Eintrittskarten neu definiert hat – im Vergleich zu Europas größtem Zirkus, dem Circus Krone, sind die Eintrittspreise doppelt bis dreifach so hoch. Oder denken Sie an das Beispiel von Vertu, ein Tochterunternehmen von Nokia, das sich auf Luxus-Handys für VIPs spezialisiert hat. Während der normale Mobilfunk-Kunde erwartet, dass er das Handy bei Vertragsabschluss quasi gratis bekommt, investiert man in ein Vertu-Handy den Gegenwert eines Kleinwagens. Nicht nur das Design ist edel, über die Vertu-Handys haben die Kunden auch jederzeit Kontakt zu einem Concierge, der beispielsweise Hotel- und Restaurantreservierungen veranlasst, Theaterkarten besorgt und anderes mehr. Oder denken Sie an die Beispiele, die wir im Kapitel Produktdesign beschrieben haben: Method, Bang & Olufsen, Kartell, Alessi und viele andere haben erkannt, dass eine sinnliche und ansprechende Formgebung auch die Verkaufspreise nach oben katapultieren kann.

 **Je stärker die Ware als ein wirklicher „Glücksfall" oder als eine besondere Gelegenheit empfunden wird, desto mehr verschwinden preisliche Bedenken.**   *Heinz Goldmann, Unternehmensberater*

Einfaches in Edles umdefinieren: Luxus-Kartoffelchips

Kartoffelchips? Eigentlich ein Massenmarkt, auf dem nur der Preis und das Einkaufsdiktat des Handels zählen? Nicht immer. Das Unternehmen Kettle ist diesen beiden Druck-Faktoren erfolgreich ausgewichen: Kartoffelchips wurden in ein hochpreisiges Edelprodukt umdefiniert. Die Ware wird handgefertigt, produziert wird nur aus speziellen Kartoffelsorten und frittiert wird in hochwertigem Sonnenblumenöl. Das schlagende Kaufargument ist der überragende Geschmack und die „Natürlichkeit". Die per Mundpropaganda auch immer neue Kunden bringt, denn: Konventionelle Werbung wird nicht betrieben. Der Handel wurde zunächst sogar bewusst gemieden. Dafür wurde beim Vertrieb gezielt auf Bars, Gaststätten und Delikatessenläden als „hochwertige" Verkaufsstellen gesetzt. Hier ließ sich die Preisposition von bis zu vier Euro pro Packung leicht verteidigen. Mittlerweile gibt es die

Abbildung 42: Kettle Chips: Luxus für die Masse

Chips auch in ausgesuchten Supermärkten, man ist aber trotzdem dem Konzept treu geblieben, nicht zur Massenware zu verkommen. Das Ergebnis: konstantes, profitables Wachstum in einem schrumpfenden Gesamtmarkt. Im oberen Preissegment ist Kettle Marktführer.

Die Erfolgsregeln von Kettle:
* Mach dein Produkt unwiderstehlich.
* Glaube an den Wert des Geschäfts.
* Baue auf eine emotionale Marke.
* Suche langfristige Kundenbeziehungen.
* Nimm die Kundenmeinung stets ernst.
* Beantworte jede Beschwerde individuell.
* Bleib geduldig und setze auf Mundpropaganda.

Übrigens versuchen andere Anbieter im gleichen Marktsegment, die Erfolge von Kettle zu reproduzieren. Vor allem in Großbritannien findet man immer mehr Snack-Produkte, die beispielsweise durch biologisch-dynamische Grundstoffe, eine besondere – beziehungsweise besonders schonende – Zubereitung, Wellness-fördernde Zutaten oder einfach besondere Geschmacksrichtungen punkten wollen. Und dabei die unteren Preisregionen gezielt verlassen: Luxus darf gerne etwas mehr kosten!

Business-Querdenk-Box:
Die eigentliche Entdeckung besteht nicht darin, Neuland zu finden, sondern mit neuen Augen zu sehen.

Marcel Proust, französischer Schriftsteller

Sie müssen gar nicht den Preis neu erfinden! Es reicht, wenn Sie die absolute Preishöhe Ihrer Leistungsangebote infrage stellen. Die Aufgabe: Entwickeln Sie Wege, um für Ihre Leistungen fünfzig oder hundert Prozent mehr – oder weniger – als der Wettbewerber verlangen zu können.
Denken Sie dabei an Ryanair, das durch die Reduktion des Angebots auf die Bestandteile, für die der Kunde wirklich bereit ist, Geld auszugeben, sehr erfolgreich geworden ist. Oder denken Sie an die japanische Friseurkette QBNet, die ihre Wertschöpfungskette konsequent durchforstet hat und die Leistungsbestandteile wie gewohnte Serviceleistungen weglassen und Organisationsprinzipien bewusst infrage gestellt hat. Das Ergebnis: ein einzigartiger Marktauftritt und eine deutliche Differenzierung.

Pricing-In-Between: Positionieren Sie sich clever in der Mitte

In einem äußerst harten Wettbewerb befinden sich jene Unternehmen, die bei gleichen Zielkunden mit einer gleichen Preisstrategie arbeiten. Warum? Dazu müssen Sie sich kurz an Ihre erste Vorlesung im Grundstudium der Betriebswirtschaftslehre zurückerinnern: Dahinter steckt die Idee des „perfekten Wettbewerbs", wonach jeder in einer Branche die gleiche Strategie verfolgt und über ähnliche Ressourcen verfügt. Das Ergebnis: Jeder erzielt gerade genug Gewinn, um überleben zu können, und nicht mehr. Und genau das ist das Problem: denn das Ergebnis sind Unternehmen, die gegenseitig ihre Preisstrategien bis in kleinste Detail imitieren.

Nicht voreilig imitieren: Achtung, Lufthansa!

In vielen Branchen neigen Unternehmen dazu, sich in ihren Strategien aneinander anzunähern, weil Rezepte, die Erfolg versprechen oder erfolgreich sind, gern imitiert werden. Selbstverständlich ist nichts gegen Imitation einzuwenden, solange Sie in anderen Geschäftsfeldern eine eigene Strategie vorweisen können. Aber häufig wird jedes Detail übernommen, das die anderen erfolgreich gemacht hat, ohne zu reflektieren, dass die eigenen Startvoraussetzungen anders sind und sich das Modell nicht ohne weiteres auf das eigene Unternehmen übertragen lässt. Nehmen wir dazu nochmal unser Beispiel von vorhin: die Fluggesellschaften. Nachdem sich die Billigairlines immer mehr Marktanteile auch bei den Businesskunden erflogen haben, wurden die alteingesessenen Fluglinien nervös. Also verfolgte man bei der Lufthansa eine Zeit lang die Idee, sich mit Hilfe eines Effizienzprogramms gegen die neuen Eindringlinge im Markt zu wehren und dabei deren Komfort oft noch zu unterbieten: weg mit dem Service, Verkleinerung des Sitzabstands, dünnere Polsterung und Kürzung der ohnehin schon kargen Bordverpflegung.

 **Wenn die Leute nicht mehr an Ihre Produkte glauben, so ist das das Todesurteil für Ihr Unternehmen.**

Sir Bob Geldof, Musiker und Gründer von Live Aid

Fazit: Falsche Entscheidung! Indem sich die Lufthansa auf das Spielfeld der Billigflieger begibt und versucht, deren Kostenstrukturen nachzuahmen, riskiert das Unternehmen seinen Ruf als Premiumanbieter. Und dabei stößt man vor allem eine wichtige Zielgruppe vor den Kopf: die „Senatoren" genannten Topkunden, die im Lufthansa-Vielfliegerprogramm Miles & More im Jahr mehr als 150.000 Meilen sammeln. Diese Strategie ist aus zwei Gründen gefährlich: Weil die Lufthansa höhere Betriebskosten als die Billigflieger hat, braucht sie auch höhere Preise – und die kann sie nur über einen spürbar besseren Service rechtfertigen. Gleichzeitig passt ein Billigimage auf der Kurzstrecke nicht zum anspruchsvollen Langstreckenservice, den man durch Investitionen von mehreren hundert Millionen Euro für Luxuslounges und Betten in der Business Class aufzubessern versucht. Und noch etwas Fatales passiert: Ein Unternehmen, das diesen Weg verfolgt, verliert seine Glaubwürdigkeit bei den eigenen Kunden.

Was man daraus lernen kann? Versuchen Sie nicht, alles für alle zu sein. Sie können nicht gleichzeitig Premiumanbieter sein, für die Premiumkunden jedoch den Service eines Billiganbieters bieten. Sie müssen Ihren Erfolg an beiden Enden des Spektrums suchen – also entweder als Premiumanbieter oder als Billiganbieter; beides gleichzeitig zu sein und das für ein und dieselbe Kundengruppe, das funktioniert nicht! – Eine andere interessante Möglichkeit besteht darin, eine neue strategische Preisgruppe zu finden.

Business-Querdenk-Regel 14:
Pricing-In-Between: Positionieren Sie sich clever in der Mitte!

Konventionelles Denken: Sie fokussieren darauf, Ihre Wettbewerbsposition innerhalb einer bestehenden Preisgruppe zu optimieren.

Business-Querdenken: Akzeptieren Sie nicht die branchenüblichen Preisgruppen, sondern kombinieren Sie die Besonderheiten der bestehenden Preisgruppen im Sinne einer optimalen Kundenorientierung neu. So schaffen Sie Ihre eigene strategische Preisgruppe!

Um das Vorgehen bei der Erschließung einer neuen strategischen Preisgruppe zu verdeutlichen, wollen wir einen Blick in die Gastronomie werfen. Nehmen wir einmal an, Sie sind in der Mittagspause auf der Suche nach einem Imbiss, der leicht und gesund, aber trotzdem schnell zu haben ist. Nun haben Sie die Möglichkeit, in ein ganz normales Restaurant zu gehen; wo Sie aber einige Zeit mitbringen müssen, weil Sie nicht der einzige Gast sind, der über Mittag schnell etwas essen möchte. Und: Häufige Mittagsbesuche im Restaurant können auf die Dauer auch etwas schwer verdaulich für Ihre Brieftasche werden.

Herkömmliche Geschäftsmodelle aufwerten: Suppenbar und Sandwichkette

Nun gut, es gibt Alternativen: Wie wäre es mit einem Abstecher zu McDonald's, Burger King, Pizza Hut oder zum Dönerstand? Geht schnell, kostet nicht viel, ist aber auf Dauer nicht allzu gesund – wie spätestens jetzt dem letzten Fastfood-Junkie durch Morgan Spurlocks Film „Supersize Me" bekannt sein dürfte, in dem sich der Regisseur in einer Art Selbstversuch 30 Tage lang mit McDonald's-Produkten vollstopfte und dabei 25 Pfund zulegte ...

Diese Situation ruft geradezu nach der Erfindung einer neuen strategischen Gruppe, die gutes und schnelles Essen zu einem Preis bietet, der genau zwischen diesen beiden Gruppen – Dönerstand und Restaurant – liegt. Und genau hier liegt die Chance! So findet man mittlerweile in allen großen Städten dieser Welt eine Restaurantgattung des Typs „new soupbar". Dort gibt es schmackhafte und gesunde Suppen und Eintöpfe für den kleinen oder großen Hunger. Ihren Ursprung hat diese neue strategische Gattung in – wie könnte es anders sein – New York. Al's Soup Kitchen International gilt als die erste der „new soupbars". Wegen seiner sehr genauen Erwartungshaltung gegenüber der Kundschaft – *stand in line, know what you want and have your money ready, then wait at the left for your order* – und der betont unfreundlichen Durchsetzung derselben wurde Al's Soup Kitchen in der TV-Serie Seinfeld gar als „Soup Nazi" berühmt. Wenn Sie sich mal anstellen wollen: 259A West 55th Street, zwischen 7th and 8th Street in New York. Hier können Sie im Original-Ton zuhören, wie Al mit seiner Kundschaft umspringt. Sie müssen aber gar nicht unbedingt nach New York reisen, denn Soupbars gibt es mittlerweile auch in London, Berlin, Nürnberg, Dresden, Hamburg, München, Köln und so weiter.

Noch ein Beispiel gefällig? Die Sandwichkette Cosí hat sich erfolgreich zwischen Fastfood als unterer strategischer Preisgruppe und klassischen Restaurants als oberer Preisgruppe etabliert. Man ist auf dem besten Wege, der Starbucks des gefüllten Brötchens zu werden. Dabei folgt Cosí demselben Rezept, das auch Starbucks schon so erfolgreich gemacht hat: hohe Qualität, Wohlfühlatmosphäre und das Essen als Erlebnis. Statt an schmierigen Tischen den 99-Cent-Burger runterzuschlingen, kann der Gast bei Cosí den Duft von frisch gebackenem Brot, dezente Jazz-Musik im Hintergrund und eine überaus angenehme Atmosphäre genießen. Und die Kunden stören sich nicht daran, dass ein Sandwich sieben Dollar und mehr kostet.

Der Erfolg gibt dem Konzept Recht: Zwar gibt es im Umkreis von 50 Metern mindestens zehn günstigere Lunch-Alternativen: „Aber niemand hat dieses Brot!", so die Kunden.

Seien Sie clever – seien Sie anders!

Die Schaffung einer neuen strategischen Preisgruppe ist aus zweierlei Hinsicht eine clevere Idee: Zum einen sind Sie nicht im unmittelbaren Preiswettbewerb mit all den anderen Anbietern im Markt; Sie schaffen sozusagen Ihre eigene Preiskategorie. Zum anderen sind Sie gezwungen, intensiv darüber nachzudenken, wie Sie sich vom Gros der Anbieter im Markt differenzieren können.

Woher bekommen Sie die Ideen für eine solche Differenzierung? Auch wenn wir grundsätzlich der Meinung sind, dass es eine gute Idee ist, in solchen Fällen auch Input von außerhalb zu holen, möchten wir diesen Ratschlag hier etwas einschränken: Eine ständig wachsende Armee eifriger Berater bietet auf diesem Feld ihre Dienste an. Doch seien Sie eher skeptisch, wenn Ihnen ein großes Beratungsunternehmen ins Ohr flüstert: „Wir haben ein wirklich tiefes Verständnis Ihrer Branche." Genau bei diesem Satz ist Vorsicht geboten. Warum? Nun, man könnte diesen Satz auch anders formulieren: „Wir haben in Ihrer Branche schon zwanzig andere Unternehmen beraten und sind nun bestens gerüstet, die gleichen Best Practices auch auf Sie zu übertragen." Damit wird natürlich die Angleichung der Strategien und nicht eine Differenzierung unterstützt! Fazit: Manchmal müssen Sie auf Ihre eigenen Ideen setzen.

So hat es auch Werner Kieser gemacht, als er darüber nachdachte, wie er sich mit einem einzigartigen Angebot im Markt der Fitnessstudios differenzieren und seine eigene strategische Preisgruppe schaffen könnte. Nehmen Sie noch eine gute Prise Dekonstruktion – also Auflösung der betrieblichen Wertschöpfungskette in ihre Bestandteile und Identifizierung der aus Kundensicht wertschöpfenden Elemente – und fertig ist das Konzept von Kieser Training.

Günstig, aber nicht billig: Kieser Training

Das Ergebnis: Kieser Training hat sich innerhalb weniger Jahre zum größten Anbieter für gesundheitsorientierte Krafttrainings im deutschsprachigen Markt entwickelt. In deutlicher Differenzierung von den üblichen Fitnessstudios befolgt das Unternehmen das Prinzip der Reduktion auf das Notwendige. Puristisch eingerichtete Trainingsräume, keine Bar, an der Eiweißdrinks verkauft werden, keine Musik, keine Fernseher, keine Aerobic-Kurse oder Yogaklassen. Sauna, Whirlpool oder Massage? Fehlanzeige. Das Motto: Spezialisierung pur auf präventives und therapeutisches Krafttraining zur Förderung der Gesundheit und zur Steigerung der Leistungsfähigkeit.

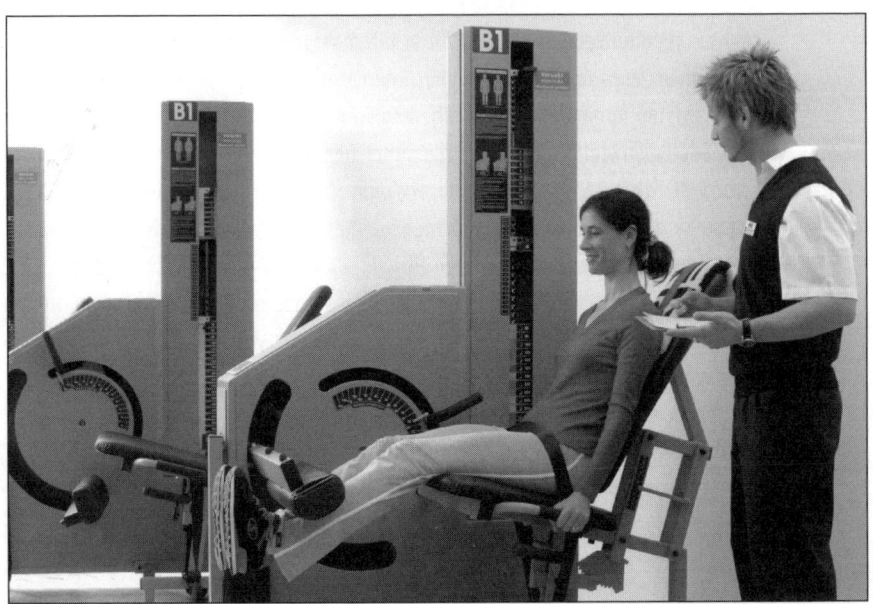

Abbildung 43: Kieser Training: Die Alternative zur „Mucki-Bude"

Hier geht es nicht um Spaß oder den perfekten Body. Hier wird Körperpflege betrieben, Pflege von Muskulatur und Bewegungsapparat. Entsprechend dem rationellen Produkt „Magermasse" und der Philosophie des Krafttrainings nach der Kieser-Methode spricht die Dienstleistung nur ganz bestimmte Zielgruppen an. Die wichtigsten Nutzer sind Personen mittleren und fortgeschrittenen Alters der gebildeten Mittelschicht: 80 Prozent der Kunden waren vor Kieser Training noch nie in einem Fitnesscenter!

Die Preispolitik folgt dem Grundsatz „Kieser Training ist für alle Personen gleich günstig". Die Dienstleistung soll einer möglichst breiten Zielgruppe zugänglich sein und eine klar verständliche Preispolitik zeigen. Dies bedeutet, man setzt auf günstige – nicht billige – Preise mit möglichst wenigen Sonderkonditionen, die aber sehr deutlich unter den üblichen Mitgliedsbeiträgen der Lifestyle-orientierten Fitnesstempel liegen.

Unterscheidbar bleiben:
Differenzierung beginnt bei der Führungsspitze!

Führungskräfte, die einen großen Teil ihrer Zeit damit verbringen, dieselben Fachzeitschriften zu lesen, dieselben Messen zu besuchen und denselben Referenten auf Konferenzen und Seminaren zu lauschen, beschleunigen das Tempo noch, in dem sich ihre Strategien und Handlungen denen ihrer Wettbewerber angleichen. Denn wo für frisches Denken und eine wohldosierte Außensicht auf die eigene Branche kein Platz ist, passiert das Unausweichliche: Strategien werden immer ähnlicher, neue Produkte oder Services werden im gleichen Moment, in dem sie auf den Markt gebracht werden, von den Wettbewerbern kopiert, und die Menschen in den einzelnen Unternehmen kleiden sich und reden nicht nur gleich, sie beginnen auch gleich zu denken. Bitte verstehen Sie uns nicht falsch: Wir haben nichts gegen Großbanken. Aber wenn wir letzte Nacht, während alle schliefen, wahllos 50 Topmanager jeder der vier deutschen Großbanken genommen und gegen die Führungsspitze ihrer Mitbewerber ausgetauscht hätten – glauben Sie, dies hätte zu einer spürbaren Veränderung für Sie als Kunde geführt?

Günstig, aber serviceorientiert: JetBlue

Business-Querdenker haben verstanden, dass der Weg aus dieser Problematik in einer klaren Differenzierung besteht. Der Kunde muss merken, ob er mit der Bank A oder der Bank B seine Geschäfte macht – und er muss merken, ob er mit der Fluglinie X oder Y unterwegs ist. Und seien Sie versichert, Sie merken den Unterschied, ob Sie mit Ryanair oder mit JetBlue fliegen. Beides sind Fluglinien, die ihre Flüge sehr viel günstiger als die großen Airlines anbieten – doch JetBlue hat für sich eine eigene strategische Preisgruppe geschaffen. Konsequenterweise sieht sich JetBlue nicht als Billigflieger, sondern als neue Airline mit großen Idealen. JetBlue legt viel Wert auf den Komfort der Passagiere, ein sehr positives Serviceerlebnis, Mund-zu-Mund-Propaganda, PR und Auszeichnungen.

Das Konzept von JetBlue unterscheidet sich deutlich vom typischen Billigflieger: Die Flugpreise, die etwa 40 Prozent günstiger sind als bei den typischen amerikanischen Airlines, sind allenfalls das Ende einer langen Kette von Marketingmaßnahmen. Man versteht sich daher auch nicht als Fluggesellschaft, sondern als Servicegesellschaft.

„Der Kunde muss bei jedem Kontakt mit einem Produkt eine gute Erfahrung machen", sagt JetBlue-Chef David Neeleman. Das heißt: brandneue Flugzeuge, Ledersitze, Beinfreiheit und kostenloses Satelliten-TV mit 24 Kanälen auf jedem Sitz. Effiziente Abläufe tragen dazu bei, dass JetBlue als Paradebeispiel gilt: Während andere schon ticketloses Fliegen für modern halten, arbeiten bei JetBlue neben der Verwaltung auch Piloten und Mechaniker papierlos.

Business-Querdenk-Box:

Um die Zukunft zu erkennen, muss man nicht unbedingt ein Hellseher sein. Aber man muss unbedingt unkonventionell sein.

Das Postulat des Unkonventionellen gilt auch für Ihre Preisstrategie: Akzeptieren Sie nicht die branchenüblichen Preisgruppen, sondern kombinieren Sie die Besonderheiten der bestehenden Preisgruppen im Sinne einer optimalen Kundenorientierung neu. So schaffen Sie Ihre eigene strategische Preisgruppe! Denken Sie an die Sandwichkette Cosí, die sich geschickt zwischen den beiden strategischen Gruppen *billiges Fastfood* und *teures Restaurant* positioniert hat. Ein ähnliches Konzept verfolgt die amerikanische Airline JetBlue, die nicht ganz so preiswert wie die No-frills-Airlines Ryanair und Co. daherkommt, aber dennoch deutlich unter den Ticketpreisen von American Airlines oder Delta bleibt. Und das Beste daran: Service, Ausstattung der Flugzeuge und Beinfreiheit sind überdurchschnittlich!

Rockefeller-Prinzip: Verschenken Sie die Lampe und verkaufen Sie das Öl

„Verschenke die Lampe und verkaufe das Öl!" – Das war das Motto des Petroleumkönigs John D. Rockefeller, und das bereits Mitte des 19. Jahrhunderts! Klar: Wer eine Lampe hatte, wollte sie auch benutzen – und brauchte dazu Petroleum. Das bekamen die Kunden auch von Mr. Rockefeller, aber zu einem gesalzenen Preis.

Viele Unternehmen übersehen, dass sie durch Folgeaufträge mit Wartung, Ersatzteilen, Verbrauchsmaterial, Zubehör und Ähnlichem weit höhere Umsätze erzielen können als mit dem ursprünglichen Produkt.

Business-Querdenk-Regel 15:
Rockefeller-Prinzip: Verschenken Sie die Lampe und verkaufen Sie das Öl!

Konventionelles Denken: Sie betrachten und kalkulieren Ihre Leistungen isoliert und fokussieren auf die Gewinne durch den unmittelbaren Produktverkauf.

Business-Querdenken: Sprechen Sie die Kunden über niedrige Erstkosten an und verdienen Sie Geld über die laufenden Ausgaben der Kunden!

Damit wir uns nicht missverstehen: Dieses Kapitel soll keine Aufforderung zum „Abzocken" Ihrer Kunden sein. Das wäre eine schlechte Strategie, denn Kunden sind nachtragend. Sie merken, wenn sie schlecht behandelt werden, und tragen auch Sorge dafür, dass es bald der gesamte Freundes- und Bekanntenkreis weiß. Die Kunst liegt, wie so häufig, darin, einen Mittelweg zu finden: Kunden über niedrige Erstkosten anzusprechen und über ihre laufenden Ausgaben Geld zu verdienen. Druckerhersteller haben das hervorragend umgesetzt: Tintenstrahldrucker werden für wenig Geld verkauft, aber die Druckertinte in den speziellen Patronen wird zu einer der teuersten Flüssigkeiten der Welt. Rockefeller-Prinzip!

Ein weiteres typisches Beispiel: Handyverträge gibt es samt Gerät für null Euro – nur bei den Gesprächsgebühren, bei SMS, MMS und Serviceleistungen wird es dann teuer.

Das Prinzip ist immer gleich: Die Umsätze werden nicht durch den Erstkauf erzielt, sondern es wird versucht, über den gesamten Lebenszyklus hinweg ein Geschäft zu machen: Das Produkt wird zunächst billig oder kostenlos angeboten, die Folgekosten beziehungsweise das Verbrauchsmaterial sorgen für Umsatz und Gewinn. Dieser Ansatz findet sich in vielen Märkten. So subventioniert AOL den Kauf von PCs und Peripheriegeräten bei zeitgleichem Abschluss eines AOL-24-Monate-Vertrages, Elektronikgeräte benötigen immer neue Spezialakkus und der neue Textmarker lässt sich zwar nachfüllen, aber nur ... na, Sie wissen schon!

Das Rockefeller-Prinzip und die Bequemlichkeit beim Espresso

Bisher waren Kaffeemaschinen für die Hersteller kein besonders spannendes Geschäft: Die Kunden kaufen eine Kaffeemaschine für 30 Euro – und in der Folge Kaffeepulver in Pfundpaketen im Supermarkt. Der Maschinenhersteller schaute in die Röhre!

Neue Angebote nach dem Motto „Lampe verschenken und Öl verkaufen" schaffen deutlich höhere Wertschöpfung: Hersteller entwickeln neuartige Kaffeemaschinen, die nur mit speziellen, vom Hersteller entwickelten Kaffeepads funktionieren. Wer sich für ein solches Gerät entscheidet, zahlt im Schnitt für die Tasse Kaffee rund fünf Mal mehr als für Kaffee, der auf herkömmliche Art durch den Filter läuft.

Nespresso von Nestlé bietet vorkonfektionierte Portionspackungen, die genau für eine Tasse hochwertigen Espresso reichen. Dazu kauft der Kunde eine Maschine, die diese Packungen verarbeitet. Das Versprechen lautet: Bequemlichkeit kombiniert mit hochwertiger Qualität – und das funktioniert! Interessant an diesem Modell: Dem Kunden wird ein Maximum an Arbeit abgenommen, dafür erzielt der Hersteller einen sehr hohen Preis pro Tasse.

Auch die Philips-Kaffeemaschine Senseo brüht hochwertigen Kaffee in einer Qualität, die der von 500-Euro-Maschinen gleichkommt. Dabei kostet Senseo in der Anschaffung nur 59 Euro und sieht auch noch formschön aus. Das Geschäft machen Philips und der kooperierende Hersteller Douwe Egberts mit dem Kaffee: Denn auch

Senseo braucht spezielle Portionspackungen. – An dieser Stelle möchten wir nur der Vollständigkeit halber anmerken, dass auch unser Kaffee seit geraumer Zeit aus einer Senseo kommt, und er schmeckt hervorragend!

Mit Ersatzteilen gut verdienen: Gillette rasiert Sie!

Benötigt der Nutzer eines Elektrorasierers neue Scherfolien oder einen neuen Scherblock, kann er nicht irgendein billiges No-Name-Produkt kaufen. Konstruktionsbedingt passt nur der Ersatz des eigenen Herstellers, der, Sie ahnen es, natürlich ziemlich teuer ist.

Was im Markt der Elektrorasierer funktioniert, sollte natürlich auch eine gute Idee im Markt der Nassrasierer sein. Mit diesem Gedanken drang die Firma Gillette in diesen Markt ein, indem sie attraktive Rasierer billig anbot, auf die nur die Original-Gillette-Klingen passen. Das eigentliche Geschäft ist der Nachkauf neuer Klingen; die nur passen, wenn sie von Gillette kommen.

Ein wirksames Geschäftsmodell, das dauerhafte Nachkäufe erzeugt. Allerdings ist Vorsicht geboten, denn es bilden sich auch Umgehungsgeschäfte heraus. Zwar sind uns im deutschsprachigen Raum keine Nachbauten von Gillette-Klingen bekannt; doch gibt es inzwischen einige Dienstleister, die das Nachfüllen von Tintenpatronen anbieten – und die ihre Kunden über das Preisargument gewinnen.

Umsatz durch Nebenkosten: Die Extras machen den Preis!

Das Rockefeller-Prinzip funktioniert auch im Dienstleistungssektor. Beispiel: Kreuzfahrten, bei denen die Passage billig ist und die Nebenkosten den Umsatz bringen. Die amerikanische Tageszeitung US Today machte den Test: Journalisten buchten eine siebentägige Karibikkreuzfahrt zum Schnäppchenpreis von 269 Dollar für zwei Personen und ließen es sich an Bord so richtig gut gehen. Die Rechnung, die sie bei der Rückkehr in den Heimathafen zusätzlich begleichen mussten, belief sich auf stolze 1.367,67 Dollar! Die Zeiten, in denen eine Kreuzfahrt einem All-inclusive-Angebot gleichkam, sind also längst vorbei.

Business-Querdenk-Box:

Als John D. Rockefeller sich Ende des vergangenen Jahrhunderts anschickte, das Reich der Mitte mit Öl zu beliefern, zeigte er sich von seiner großzügigen Seite. Er kaufte tonnenweise Öllampen, verschiffte sie nach Asien und beschenkte damit die Chinesen. Die waren begeistert und kauften von dem vorausschauenden Ölhändler fortan Brennstoff für ihre Lampen. Rockefeller sicherte sich einen gigantischen Markt, weil er begriffen hatte, dass Bedürfnisse erst geweckt werden müssen.

Dieses Prinzip können auch Sie sich zunutze machen: Sprechen Sie die Kunden über niedrige Erstkosten an und verdienen Sie Geld über die laufenden Ausgaben. Das ist keine Aufforderung zum Abzocken, sondern ein Querdenk-Ansatz, den Sie sehr erfolgreich umsetzen können – wenn Sie das nötige Fingerspitzengefühl mitbringen. Nestlé zeigt wie es geht: Der Kunde kauft eine Nespresso-Maschine, die im Anschaffungspreis recht günstig ist, und Nestlé verdient über die vorkonfektionierten Portionspackungen, die genau für eine Tasse hochwertigen Espresso reichen. Oder denken Sie an den Markt der Kreuzfahrten: Einige findige Anbieter nutzen auch hier das Prinzip des guten alten Herrn Rockefeller: Die Passagen sind preiswert, die Nebenkosten bringen den Ertrag.

Personalized Price: Lassen Sie die Kunden den Preis bestimmen

Im Hinblick auf Querdenk-Strategien beim Pricing haben wir schon eine ganze Reihe von Möglichkeiten betrachtet:

* Sie können dem Kunden den Preis direkt berechnen oder Dritte dafür zahlen lassen.
* Sie können verschiedene Komponenten bündeln oder sie einzeln in Rechnung stellen.
* Sie können einen niedrigen Grundpreis ansetzen und mit den Zusatzverkäufen Ihr Geld verdienen.
* Und Sie können mit Festpreisen arbeiten.

Oder Sie lassen Ihre Kunden den Preis bestimmen.

Wie bestimmt der Kunde den Preis? Das richtet sich nach der Dringlichkeit seiner Nachfrage, nach den gewünschten Serviceleistungen oder nach dem Grad der Individualisierung. Sie sehen also: Es ergibt sich eine riesige „Spielwiese" an Differenzierungsmöglichkeiten, die sowohl für den Kunden als auch für Sie ein echter Gewinn sind.

Business-Querdenk-Regel 16:
Personalized Price: Lassen Sie die Kunden den Preis bestimmen!

Konventionelles Denken: Sie verlangen fixe Preise für Ihre Leistungen; unabhängig von der Höhe der Nachfrage oder der Zahlungsbereitschaft.

Business-Querdenken: Orientieren Sie sich mit den Preisen konsequent an der Nachfrage oder der Zahlungsbereitschaft der Kunden.

Von den Billigfliegern kann man lernen, dass es nicht immer einfach ist, das richtige – nachfragegetriebene – Preismodell zu finden: Soll man Restplätze kurzfristig sehr günstig anbieten? Oder eher sehr teuer, weil vor allem Geschäftsreisende kurzfristig planen müssen und dabei nicht auf den Preis achten?

Nachfrage regelt den Preis: Hinter den Kulissen von Air Berlin

Schauen wir uns an, wie Air Berlin dieses Problem gelöst hat: Das Magazin „McKinsey Wissen" hat das Pricing der Billigflieger am Beispiel der Air Berlin analysiert. Das Prinzip ist recht einfach und besteht im Einzelnen aus folgenden Stufen:

✳ Den in der Werbung ausgelobten Ticketpreis von beispielsweise 29 Euro zahlen nur die ersten 20 Bucher.

✳ Danach steigt der Tarif alle zehn Buchungen um 10 Euro an.

Das bedeutet: Da erst ein Ticketpreis von 69 Euro die Fixkosten des Fluges in Höhe von 12.700 Euro bei einem Flugzeug mit 184 Plätzen deckt, macht die Airline im unteren Preisbereich Verlust. Erst ab der 70. Buchung zahlen die Kunden diesen Schwellenpreis. Ab der 101. Buchung ist der Verlust durch die 70 Schnäppchenpreise ausgeglichen, und die Fluggesellschaft schreibt schwarze Zahlen. Bei einer ausgebuchten Maschine zahlt der letzte Kunde für das Ticket 179 Euro. Ergebnis: Air Berlin braucht durchschnittlich mindestens 101 Fluggäste. Bei einer voll ausgebuchten Maschine beträgt der Gewinn aus dem Flugbetrieb rund 5.100 Euro. Der Erfolg der britischen easyGroup basiert ebenfalls auf dem nachfrageorientierten Preisprinzip. Egal ob easyJet, easyBus, easyCinema oder easyCar: Es gibt keine Festpreise, alle Preise richten sich ausschließlich nach der Nachfrage. Je mehr Buchungen vorliegen, desto höher steigt der Preis. Auch Hotels denken schon um: Die Auslastung ist recht unterschiedlich, gerne würde man gerade auch Restplätze noch an den Mann oder die Frau bringen. Zwar gibt es zahlreiche Internetplattformen, die die Buchung vereinfachen und freie Hotelzimmer erschließen helfen wollen – innovative, nachfrageorientierte Preismodelle sucht man hier jedoch vergeblich. Wir haben bereits das Preismodell der NH Hotels Group erläutert, die dieses Manko für ihre Häuser erkannt hat und nach dem Vorbild der Billigflieger agiert: Das Preissystem soll nach dem Prinzip „Je früher gebucht, desto günstiger der Preis" gestaltet werden. Dazu sind die Zimmer in unterschiedliche Tarifklassen eingeteilt: Die ersten Zimmer werden in der billigsten Tarifklasse ab 29 Euro verkauft. Ist dieses Kontingent ausgebucht, erhöht sich der Preis stufenweise. In diesem Preismodell werden die Kosten nicht zurückerstattet, eine Umbuchung ist nur gegen Gebühr möglich. Für Kunden, die mehr Flexibilität wünschen, gibt es auch einen Flexitarif, bei dem Stornierungen und Umbuchungen kostenlos sind – die Preise liegen jedoch höher.

Wer zufrieden ist, zahlt mehr: Hotel Tannenhof

Einen anderen Weg geht man in Wagner's Hotel Tannenhof. Es ist derzeit das einzige Hotel Deutschlands mit Richtpreisen innerhalb der ersten drei Tage des Aufenthaltes: Zufriedene Gäste zahlen in Wagner's Hotel Tannenhof die angegebenen Richtpreise. Sollten die Gäste jedoch aus irgendeinem Grund mit der Leistung des Hotels nicht einverstanden sein, so dürfen sie den Übernachtungspreis frei bestimmen.

Und noch ein innovatives Angebot für Hotelgäste: Ganz besonders clevere Reisende handeln bei einem „Name-your-Price"-Anbieter im Internet ihren persönlichen Preis für eine Übernachtung aus. Das Prinzip ist einfach: Der Hotelgast gibt im Internet an, welchen Preis er für eine Nacht in einem Vier- oder Fünf-Sterne-Hotel zu zahlen bereit ist; der Vermittler (zum Beispiel: www.priceline.com) schlägt eine Gebühr darauf und nennt einen Gesamtpreis. Ist der Kunde damit einverstanden, kommt ein Vertrag zu Stande, bei dem vorher allerdings nicht klar ist, welches Hotel in der gewählten Kategorie im gewünschten Stadtviertel das Zuhause auf Zeit sein wird. Im Kontingent befinden sich immerhin renommierte Hotelketten wie Raffles, Marriott, Hilton und InterContinental.

Rechnen Sie nach!

Unterziehen Sie Ihr Geschäft einer genauen Untersuchung – und zwar aus dem Blickwinkel, den auch die easyGroup einnimmt. Die Kernfrage lautet: Wie können Sie Kosten extrem niedrig halten und gleichzeitig die Auslastung bzw. Nachfrage exponentiell steigern? Diesen Spagat meistert die easyGroup in allen Geschäftszweigen (Kinos, Internetcafés, Kreuzfahrten, Airline, Autovermietung, Hotels, Kreditkarten, Pizza-Heimlieferservice, Festnetz und Handyverträge) vorbildlich. Die Frage ist also: Warten Sie in Ihrer Branche darauf, bis die easyGroup oder ein anderer frecher Eindringling zeigt, wie man Ihre Branche revolutionieren kann – oder möchten Sie sich lieber rechtzeitig selbst Gedanken darüber machen?

In allen Fällen geht es um Preisdifferenzierung bei gleichzeitiger Profitmaximierung. Die Grundidee besteht darin, für preissensible Nachfrager Produktvarianten zu niedrigen Preisen und für preisunsensible Kunden hochpreisige Produktvarianten anzubieten. Zu welcher Kategorie Kunde sich der Einzelne rechnet, entscheidet er selbst – und das ist nicht immer eine Frage der Geldbörse!

Preis nach Wahl – PC nach Wunsch

Der PC-Hersteller Dell zeigt, wie Veränderungen des Preismodells zu Wettbewerbsvorteilen führen können. Dell produziert nach Auftragseingang exakt den vom Kunden gewünschten und konfigurierten PC. *Build-to-order* nennt sich dieses Prinzip. Im Hinblick auf den Preis bedeutet dies, dass der Kunde selbst entscheidet, wie viel er für seinen neuen PC oder sein neues Notebook ausgeben will. Möglich macht dies ein interaktiver Konfigurator auf der Dell-Website, über den die Ausstattung jedes Modells in vielen Bereichen angepasst werden kann. Übrigens kann es passieren, dass die gleiche Konfiguration ein paar Tage später schon einen anderen Preis hat: Dell kann die Preise für die Basissysteme und die einzelnen Optionen jederzeit auf Knopfdruck den Marktgegebenheiten anpassen und versucht so, immer 10 Prozent günstiger anzubieten, als ein vergleichbares Modell eines Markenanbieters im Fachhandel kosten würde.

Anders als bei MediaMarkt und Co., wo der Kunde nur vorgefertigte Konfigurationen kaufen kann, kann er also bei Dell selbst entscheiden, was ihm wichtig ist und welchen Preis er zu bezahlen bereit ist.

Für Premiumkunden gibt es noch weitere Preisoptionen: Dell gewährt Rabatte, wenn die Produktion schlecht ausgelastet ist oder Kunden frühzeitig bestellen. Zudem unterscheiden sich die Preise für Privatkunden, Geschäftskunden, Premiumkunden und die öffentliche Hand. Dahinter liegt ein komplexes Preisgefüge, in das die Erkenntnisse und Prognosen über Kundenwünsche und bevorzugte Konfigurationen einfließen.

Der Vorteil für Dell: eine verbesserte Finanzstruktur des Unternehmens. Dells Kunden zahlen, bevor Dell seine Lieferanten zahlen muss. Anstatt ein Umlaufvermögen finanzieren zu müssen, kann es den Cashflow zur Finanzierung anderer Bereiche einsetzen.

Rabatt oder Service? Beim Haus der Musik müssen Sie sich entscheiden

Das Detmolder „Haus der Musik" hat einen innovativen Service ins Leben gerufen: Im Online-Shop von Musikalienhandel.de können die Kunden beim Instrumentenkauf selbst bestimmen, ob sie mehr Wert auf Service oder einen niedrigen Preis legen. So bestimmt der Kunde den Preis beim Kauf über das Internet selbst. Wenn er sein Wunschinstrument gefunden hat, kann er über den Angebotsassistenten bestimmen, ob er das Produkt *günstig, preiswert* oder *billig* kaufen möchte. Je nach Instrument sind bis zu 30 Prozent Rabatt möglich. Nun kann sich der Nutzer ohne jegliche Verpflichtung per E-Mail, Telefon, SMS oder Fax ein Angebot schicken lassen. Sagt dem Interessenten das Angebot zu oder bestehen Rückfragen, kann er

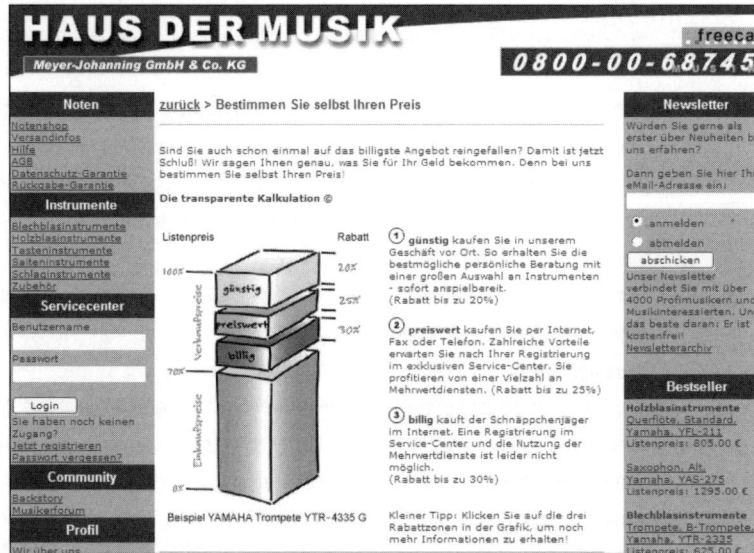

Abbildung 44: Haus der Musik: Der Kunde entscheidet, wie viel Service er will

über eine kostenlose 0800-Nummer täglich und rund um die Uhr Kontakt mit Musikalienhandel.de aufnehmen.

Die Wahl des Preises schlägt sich auf den Umfang der Mehrwerte nieder: *Billig* kauft der Schnäppchenjager, dem die Serviceleistungen nicht so wichtig sind (bis zu 30 % Rabatt). *Preiswert* erwirbt derjenige ein Produkt bei Musikalienhandel.de im Internet, der auch eine Vielzahl an Mehrwertdiensten erhalten möchte (bis zu 25 % Rabatt). Kunden, die zusätzlich den Service vor Ort im Fachgeschäft genießen und Instrumente direkt anspielen wollen, kaufen *günstig* (Rabatte bis zu 20 %). Auch die möglichen Zahlungsarten – von Kreditkarte bis Nachnahme – werden im Angebot per E-Mail, SMS, Fax oder Telefon aufgeführt.

Wichtigster Vorteil dieses Vorgehens ist die Vermeidung eines direkten Preiswettbewerbs. Je homogener das Produkt in den Augen der Kunden ist, desto bedrohlicher wird die Auseinandersetzung auf der Preisebene. Die Kaufentscheidung wird durch die Individualisierung auf die Ebene des Nutzens verlagert. Der Preis dient nur noch als Zusatzinformation, nicht jedoch als kaufbestimmendes Kriterium – solange er die akzeptierte Obergrenze nicht überschreitet.

Verschiedene Preisgruppen für verschiedene Bedürfnisse: Das Clubschiff-Modell

Die Preise für Kreuzfahrten auf den AIDA Clubschiffen folgen der Zahlungsbereitschaft ihrer Kunden. Es gibt drei Preisgruppen mit klar definierten Leistungen und deutlich unterschiedlichen Preisen. Hier gibt der Kunde zwar nicht den individuellen Preis vor, den er zahlen möchte; aber er hat die Möglichkeit, zwischen verschiedenen Preismodellen zu wählen. In der Wintersaison 2004/2005 führte Seetours für die AIDA Clubschiffe ein neues, attraktives, *dreistufiges Preismodell* ein:

AIDA PREMIUM ist das Angebot mit dem besten Preis/Leistungsverhältnis für alle, die ganz genau wissen, wie ihr Traumurlaub aussehen soll. Sie haben die freie Wahl bei Kabinennummer und Kabinendeck – von der Innenkabine bis zur Suite. Mit einer Optionsbuchung kann ein geplanter Reisetermin bis zu drei Tage lang unverbindlich reserviert oder eine Warteliste angelegt werden. AIDA PREMIUM-Kunden profitieren unter anderem von der Frühbucherermäßigung, der Fair-Price-Garantie sowie Kinder- und Jugendermäßigungen. Der AIDA PREMIUM-Preis ist im Katalog ausgewiesen und jederzeit als Pauschalreise und ab/bis Hafen buchbar.

AIDA VARIO ist bestens geeignet für jeden, der Wert auf individuelle Buchungswünsche legt und in Bezug auf Kabine und Ausstattung dennoch flexibel ist. Route, Schiff und Kabinenkategorie – Innen, Außen oder mit Balkon – sind frei wählbar. Kabinendeck und -nummer bleiben eine Überraschung. In der laufenden Saison ist der AIDA VARIO-Preis veränderlich und richtet sich nach der Nachfrage. Die jeweils aktuellen Preise für die einzelnen Clubschiffe und bestimmte Reisetermine sind im Internet auf www.aida.de oder im Reisebüro abrufbar.

JUST AIDA ist der ideale Einstieg für überraschungsbereite, preisorientierte Gäste, die in erster Linie das Erlebnis AIDA suchen: Flexibilität bezüglich Schiff, Route und Kabine belohnt Seetours mit tagesaktuellen Preisen, die unter www.aida.de oder im Reisebüro einsehbar sind. Es winkt eine Ersparnis von mindestens 250 Euro im Vergleich zum AIDA PREMIUM-Preis. Frei wählen kann man Nah- oder Fernziel, den Reisetermin und zwischen Innen- oder Außenkabine. JUST AIDA-Reisen sind nur für je zwei Erwachsene in der Doppelkabine buchbar. Zubringerflüge, Hotelverlängerung und Kinder- und Jugendermäßigungen sind in diesem Angebot nicht enthalten.

Diese Struktur soll den Gästen bei bester Übersichtlichkeit größtmögliche Flexibilität und Auswahl nach Maß mit klar definierten Leistungen bieten, die im Katalog ausgewiesen sind. Die Kunden buchen also so, wie es für sie am besten passt. Ideal wäre es, wenn die Kunden völlig individuell festlegen könnten, was ihnen etwas wert ist. eBay lässt grüßen! Und von eBay kann man auch lernen, dass sich ein solches Konzept keineswegs nachteilig für den Anbieter auswirken muss: Oft erzielen Angebote bei eBay unerwartet Höchstpreise, wenn sich mehrere Interessenten regelrechte Bieterschlachten liefern.

Freie Preiswahl als Werbegag

Der Billigflieger Hapag-Lloyd Express wählte das Prinzip der freien Preisbestimmung durch den Kunden als Aufhänger, um Aufmerksamkeit zu erzielen. „Sie bestimmen den Preis!", hieß es bei Bekanntgabe des Sommerflugplanes 2004. In der Praxis sah das so aus, dass sich Kunden über das Web oder per Callcenter für einen Erstflug auf den Strecken Stuttgart–Bari, Köln/Bonn–Bari, Berlin–Klagenfurt und Hamburg–Klagenfurt bewerben konnten. Die Gewinner wurden im Losverfahren bestimmt. Sie zahlten für den jeweiligen Erstflug jenen Betrag, den sie für angemessen hielten.

Das Beispiel zeigt, wie man eine solche Preisfindung als Methode des Guerilla-marketings verwenden kann. Inzwischen wurden solche A(u)ktionen auch von anderen Fluglinien ausprobiert – und der Schnäppchenjägereffekt füllt die Flieger in Minutenschnelle.

Business-Querdenk-Box:

Lassen Sie die Kunden den Preis bestimmen. Der wichtigste Vorteil: Vermeidung des direkten Preiswettbewerbs.

Orientieren Sie sich mit den Preisen konsequent an der Nachfrage oder der Zahlungsbereitschaft der Kunden. Dadurch wird die Kaufentscheidung auf die Ebene des Nutzens verlagert und der Preis dient nur noch als Zusatzinformation, nicht jedoch als kaufbestimmendes Kriterium.

Denken Sie an das Haus der Musik in Detmold: Beim Kauf über das Internet bestimmt der Kunde – in Abhängigkeit vom gewünschten Servicegrad – den Preis. Und was für innovative Mittelständler gilt, funktioniert ebenso bei Großunternehmen. Beispiel Dell Computer: Auch hier entscheidet der Kunde, wie viel er für seinen neuen PC ausgeben will; möglich wird das durch den interaktiven Konfigurator auf der Dell-Website.

Free Price: Verschenken Sie Ihre Leistung an Kunden und lassen Sie Dritte zahlen

Warum verschenken Sie Ihre Leistungen nicht einfach an Ihre Kunden? Sie meinen, – nahezu am Ende des Buches – wären wir nun ein wenig durchgeknallt? Seien Sie versichert: nur ein wenig! Wir wollen gar nicht, dass Sie auf den Lohn für Ihre Mühen verzichten müssen. Aber im besten Querdenker-Sinne: Lassen Sie doch einfach jemand anderen die Zeche zahlen. Ihre Kunden werden es Ihnen danken!

Business-Querdenk-Regel 17:
Free Price: Verschenken Sie Ihre Leistung an Kunden und lassen Sie Dritte zahlen!

Konventionelles Denken: Sie stellen Ihre Leistung demjenigen in Rechnung, der sie kauft.

Business-Querdenken: Verschenken Sie Leistungen an Ihre Kunden oder verkaufen Sie sie zu einem radikal niedrigen oder sogar nur symbolischen Preis. Finden Sie eine dritte Partei, die die übrigen Kosten übernimmt.

Sie meinen, das sei kaum möglich? Verschiedene Unternehmen machen es erfolgreich vor: Lauda Motion vermietet ein Auto für den symbolischen Preis von einem Euro pro Tag. Die tatsächlichen Kosten übernehmen Firmen, deren Werbung sich auf dem Mietwagen befindet. Und Ryanair plant sogar, Fluggäste demnächst gratis zu befördern.

System „Kaffeefahrt"

Eine Variante der (fast) kostenlosen Angebote kennen Sie: Erlebnisfahrten per Bus werden da versprochen, und für den Reisepreis von 9,90 Euro gibt es noch Produkte im Wert von 29,95 Euro gratis dazu. Kann das funktionieren? Nun, meistens nicht. Häufig stecken hinter solchen Angeboten Verkaufsveranstaltungen für Rheumadecken, Magnetkissen oder zwanzigteilige Kochtopfsets.

Es geht aber auch seriöser – und trotzdem verblüffend günstig: Vier bis fünf Millionen Deutsche nehmen jährlich an Shopping-Touren per Bus teil. 76 Prozent waren mit dem Gebotenen zufrieden oder sogar sehr zufrieden. Herausgefunden hat das eine GfK-Marktforschungsstudie: Befragt wurden 1.000 Teilnehmer von 48 ein- und mehrtägigen Verkaufsfahrten, die für wenig Geld Trips in attraktive Urlaubsregionen unternahmen.

Co-finanziert werden die Reisen entweder durch die bereits angesprochenen Verkaufsveranstaltungen oder auch durch Zuschüsse von den Werbegemeinschaften der Zielregionen, für die der Besucherstrom zusätzliche Einnahmen bedeutet. Bei kostenlosen Busrundfahrten zahlen die Restaurants entlang der Strecke dafür, dass die Busse bei ihnen halten. Und Fahrtkosten werden über An-Bord-Verkäufe und Werbung subventioniert.

Das Einnahmepotenzial ist gewaltig: Jeder Reisende gibt pro Reisetag durchschnittlich zwischen 100 und 200 Euro aus, abhängig von der Zielgruppe und dem Reiseziel. Und Untersuchungen kommen zu dem Schluss, dass die spezialisierten Vertriebsfirmen einen jährlichen Umsatz von über 250 Mio. Euro allein durch Kaffeefahrten erzielen.

An den Nutzer verschenken, andere bezahlen lassen

Wie Ryanair und andere Billigairlines schon jetzt durch gezielte Dekomposition ihre günstigen Flugpreise halten können, haben Sie bereits an anderer Stelle in diesem Kapitel erfahren. Doch Ryanair-Chef Michael O'Leary will seine Passagiere bald sogar zum Nulltarif befördern. „Ich sehe keinen Grund, warum unsere Kunden nicht gratis fliegen werden und jemand anders zahlt", sagt der CEO von Europas größter Billigfluggesellschaft. Dabei setzt die Airline auf ähnliche Refinanzierungsmodelle wie die Busreiseunternehmen: Sponsoren tragen die Flugkosten. Werbung soll in Bordansagen eingeblendet werden, Autovermieter sponsern das Kerosin. Einen Großteil der Kosten sollen die Flughäfen bezahlen. Argumentation von Ryanair: Da Flughäfen immer mehr zu Einkaufspassagen werden, sollten sie für die Beschaffung von Kunden bezahlen. Auch die Hotels hat er auf die Liste der Co-Finanziers gesetzt.

Im Geschäftsjahr 2003 stammten bereits 16 Prozent des Umsatzes in Höhe von rund 850 Millionen Euro und ein noch höherer Teil des Gewinns aus Nebeneinkünften wie dem Bordverkauf oder Vermittlungsprovisionen für den Verkauf von Hotelübernachtungen, CDs oder Immobilienfinanzierungen auf der Ryanair-Website. Das will O'Leary ausbauen. Nach dem Vorbild der Butterfahrten würden in Irland auf diese Weise schon seit längerer Zeit kostenlose Rundfahrten für Touristen finanziert. „Wenn die Busfahrer an bestimmten Läden halten, kassieren sie von den Inhabern eine Provision für den Umsatz, den ihre Fahrgäste da machen", so O'Leary in einem Statement. „Wir Airlines brauchen da ein völlig neues Denken."

Gratis boomt – und das ist ein gutes Geschäft

Während in Deutschland die nationalen Tageszeitungen weiter den Preis erhöhen, scheinen die Uhren der Schweizer Medienbranche anders zu ticken: Die Gratiszeitung „20 Minuten" (www.20min.ch), mittlerweile hinter dem boulevardesken „Blick" Nummer zwei der deutschsprachigen Medienlandschaft in der Schweiz, hatte 2003 täglich 720.000 Leser – eine Steigerung von 129,3 % seit 2001.
Ein Blick in die europäischen Nachbarländer zeigt, dass Gratiszeitungen in Großstädten erfolgreich sind und eine weitere Expansion zu erwarten ist. In Stockholm erschien bereits 1995 die erste kostenlose Tageszeitung (Metro) und war nach kurzer Zeit profitabel. Metro ist heute die meistgelesene Tageszeitung Schwedens. Das vielversprechende Konzept des inzwischen zum Konzern angewachsenen Unternehmens Metro International wurde auf andere europäische Metropolen ausgeweitet, wobei neben Schweden die Niederlande, Tschechien und Ungarn als gewinnbringende Standorte gelten.
Die norwegische Mediengruppe Schibsted steuert ihre europaweiten Aktivitäten auf dem Markt der kostenlosen Tageszeitungen von Zürich aus. Gratisblätter wurden zum Teil gegen den Druck örtlicher Konkurrenz in der Schweiz, in Deutschland, Spanien und Italien gegründet, während der britische Markt von den einheimischen Verlagen weitgehend abgeschottet wurde.
Möglich werden Gratiszeitungen durch effektives Crossmedia-Marketing. Die Kernzielgruppe vieler Gratiszeitungen ist ein junges Publikum, das laut Marktuntersuchungen kaum von traditionellen Tageszeitungen erreicht wird. Mit den Gratisblättern etabliert sich ein eigenständiger Werbeträger, der als eine Form der reichwei-

tenstarken Direktwerbung auf rasche Verbreitung baut und sich an hochmobile Kunden richtet.

Gratiszeitungspioniere wie der Grazer Rudi Hinterleitner oder der Salzburger Alfons Gann haben stets darauf geachtet, nicht in erster Linie Zeitungen für die Anzeigenkunden zu machen, sondern auch und vor allem für ihre Leser. „Wir machen Zeitungen, die zufällig kostenlos sind", ist etwa ein Lieblingsspruch von Styria-Manager Dietmar Zikulnig.

Tatsächlich bedeuten Gratiszeitungen heute Konkurrenz für die Tagesmedien – und zwar Konkurrenz, die nicht zu unterschätzen ist. In Deutschland kämpfen die traditionellen Blätter mit harten Bandagen gegen die Gratisblätter: Die Tag für Tag verschenkten Blätter mit aktuellen Nachrichten würden gegen das Wettbewerbsrecht verstoßen, das Verschenken redaktioneller Leistungen sei sittenwidrig – so heißt es von Seiten der Lobbyisten der traditionellen Tageszeitungen. Allerdings wird dabei verschwiegen, dass es schon seit vielen Jahren regionale Wochenblätter gibt, die gratis verteilt werden und sich vor allem durch Anzeigen refinanzieren. Und die bedeuteten auch keine direkte Gefahr für das Geschäft der kostenpflichtigen Tageszeitungen.

Geht es dem Kunden nur um den Preis?

In vielen Unternehmen ist die Preisgestaltung ein betriebswirtschaftlich sehr wichtiges Thema, das immer wieder heftig diskutiert wird. Häufig aber wird vor allem dann diskutiert, wenn es brennt. Wenn Umsätze wegbrechen oder die Quartalszahlen dringend aufgebessert werden müssen. Nicht immer wird dann mit besonderer Cleverness an das Thema herangegangen, die Schuld hat zumeist der Kunde – und jetzt muss man reagieren. Der Kernvorwurf lautet dann immer: Es geht dem Kunden nur um den Preis. Und diese Vorstellung vom Kunden führt rasch dazu, das Hauptaugenmerk auf folgende Fragestellung zu legen: Was kann ich tun, um mit meinem Preis x Prozent unter dem meiner Wettbewerber zu sein – sei es dauerhaft oder auch nur für einen bestimmten Zeitraum?

Diese Vorgehensweise ist allerdings wenig kreativ und auch wenig zweckführend! Warum? Weil alle das so machen! Und weil sie sich damit in einem Hamsterrad bewegen. Also – seien Sie anders, seien Sie cleverer! Brechen Sie aus der Routine und dem Hamsterrad aus!

Beginnen Sie mit einer wichtigen Frage, die Sie zuerst für sich selbst beantworten sollten: **Wenn es tatsächlich so sein sollte, dass mein Kunde nur auf den Preis schaut, dann muss ich mir die Frage stellen: Warum ist das so?**

Antwort: Weil mein Angebot sich gar nicht oder nur marginal von den Angeboten meiner Wettbewerber unterscheidet und es somit wenig Differenzierung gibt. Die logische Schlussfolgerung der Kunden: Wenn die Leistungsangebote gleich sind, warum dann nicht nach dem Angebot mit dem günstigsten Preis suchen? Drehen Sie die Fragestellung daher um.

Was könnte dazu führen, dass nicht nur der Preis zum Kriterium wird?

Sie müssen sich differenzieren. In den vorangegangenen Kapiteln haben Sie dafür bereits zahlreiche Beispiele kennen gelernt. Dieses Kapitel hat gezeigt, dass Sie auch den Preis und sein Zustandekommen zum Differenzierungsmerkmal ausbauen können. **Zu Ihrer „Business-Querdenker"-Strategie!**

Business-Querdenk-Box:

*Wenn es denn schon um den Preis geht, dann machen **Sie** ihn zum Thema! Nicht über Rabattschlachten, denn damit werden Sie nur zum „Me too"-Anbieter, sondern mit kreativen Methoden, die betriebswirtschaftlich Bestand haben und zu einer eigenen Strategie ausgebaut werden können.*

Verschenken Sie Leistungen an Ihre Kunden oder verkaufen Sie sie zu einem radikal niedrigen oder sogar nur symbolischen Preis. Finden Sie eine dritte Partei, die die übrigen Kosten übernimmt. Wie das funktioniert, will Ryanair schon bald demonstrieren: Dann sollen die Passagiere nämlich nicht nur zu supergünstigen Tarifen fliegen, sondern ganz umsonst. Wie das funktioniert? Indem Unternehmen, die Werbung machen wollen, Flughäfen und Hotels als Co-Finanziers auftreten.

Starten Sie durch!

 **Wenn Sie mich fragen, warum ich auf der Welt bin ... werde ich antworten: Ich will leben, intensiv und laut!**

Émile Zola, französischer Schriftsteller

Starten Sie durch als Querdenker! Jetzt! Und bitte keine Ausreden: Es spielt keine Rolle, ob Sie der Boss sind und einen Schreibtisch haben, der locker als Landefläche für einen Truppenhelikopter durchgehen könnte, oder ob Sie Sachbearbeiter am Katzentisch sind. Es ist auch egal, ob 8.000 Mitarbeiter auf Sie hören oder nicht einmal Ihr Hund. Und es ist vollkommen gleichgültig, ob Sie mit dem Firmenjet umherdüsen oder nur den Luxus des Bahnabteils 2. Klasse genießen dürfen.

Es gibt keine Ausrede, die Entscheidung liegt ausschließlich bei Ihnen: Haben Sie den Mut aufzubrechen! Haben Sie den Mut, den Status quo anzutasten: Märkte, Strategien, Produkte und Preise zu hinterfragen. Experimentieren Sie, denken Sie quer und bekennen Sie Farbe!

Querdenken hilft auch, den grauen Status quo mit Leben und Raffinesse zu füllen. Hey, die Wirtschaft ist doch schon viel zu grau und zu humorlos! Da gibt es zu viele triste und gelangweilte Gestalten, die in ihrem Leben nie etwas riskiert und immer schön das Gleiche getan haben, aber groteskerweise ein anderes Ergebnis erwarten.

Barry Gibbons, ehemaliger Chef der Fastfoodkette Burger King, bringt es auf den Punkt: „Humor ist in diesen Unternehmen ungefähr so beliebt wie Rauchen und die Risikobereitschaft wird jedem operativ entfernt, der ins mittlere Management aufsteigt."

Die Menschen und Unternehmen, die Sie in diesem Buch getroffen haben, sind alles andere als grau, sie haben Spaß an der Arbeit – und sind trotzdem – oder gerade deshalb – erfolgreich! Und das sollte auch Ihr Ziel sein: Vergessen Sie Langeweile und Mittelmaß. Es macht nicht nur keinen Spaß, es führt auch zu nichts. Langeweile und Mittelmaß gewinnen nie. Sie haben es noch nie getan und werden es auch nie tun. Garantiert!

Spielen Sie mit den Querdenk-Strategien in diesem Buch, experimentieren Sie damit. Betrachten Sie die Ideen als Puzzlesteine, mit denen Sie nach Belieben Ihr Bild zusammenstellen können: Finden Sie heraus, wie die einzelnen Teile funktionieren, versuchen Sie, diese Ideen auf Ihre Organisation zu übertragen, kombinieren Sie sie oder erfinden Sie neue.

Die Querdenk-Regeln aus diesem Buch sind keine unverrückbaren Wahrheiten. Es sind Werkzeuge, mit denen Sie altbewährten Produkten, Abläufen und Denkmustern eine gute Dosis Innovation und Begeisterung verabreichen können. Lernen Sie, über den Tellerrand zu blicken, alte Probleme aus neuen Blickwinkeln zu betrachten und die Zukunft erfolgreich zu gestalten.

Werden Sie zum Querdenker. Leben Sie intensiv und laut! Und beginnen Sie JETZT! Viel Glück.

Anja Förster & Peter Kreuz

**Träume, als würdest du ewig leben,
und lebe, als würdest du morgen sterben.**

James Dean

Quellenverzeichnis

Wörtliche Zitate sind entnommen aus:

Kerstin Rottmann: Lagerfeld-Hysterie bei H & M, in: Netzeitung.de, 12.11.2004.

Dagmar von Taube: Die Massen wollen Luxus, Interview mit Karl Lagerfeld, in: Welt am Sonntag, 27.06.2004.

Michael Baumann: Denken mit Händen, in: Wirtschaftswoche 17, 18.04.2002 (über LEGO Serious Play).

Jens Bergmann: Der tanzende Elefant, in: brand eins 1/2002 (über General Electric).

Spiegel Online vom 30.05.2002: Internet-Petition: Stoppt Chris Bangle!

Jürgen Rees: Neue Formen, in: Wirtschaftswoche 9, 19.02.2004 (über Automobildesign).

Mark Tugate: Mutige Differenzierung, in: Absatzwirtschaft Sonderheft 2003 (über Renault).

Sonja Banze: Die Gurken-Truppe, in: Die Welt, 19.10.2003.

Angelika Petrich-Hornetz: Interview mit Joseph Pine am 06.07.2003, www.wirtschaftswetter.de.

Bernhard Ecker: L. A. am Wolfgangsee, in: Trend 4/2002 (über Scalaria).

Polly Labarre: Sophisticated Sell, in: Fast Company 65, Dezember 2002 (über Anthropologie).

Franz-Rudolf Esch: Warum einfaches Marketing für den Erfolg entscheidend sein kann, in: Absatzwirtschaft 12/2003.

Anja Jardine: Das große Puzzle, in: brand eins 8/2004 (über Tchibo).

Sabine Pracht: Einfach zum Ziel, in: Acquisa 09/2004.

Martin Ax: Einfach nach vorn: Philips startet Markt-Offensive, in: Die Welt, 17.09.2004.

Peter Lau, Matthias Spielkamp: „Guten Tag, auf Wiedersehen", in: brand eins 2/2004 (über die Musikindustrie).

Joe Gill, Head of Institutional Equity Research, Goodbody Stockbrokers: Ryanair, die fliegende Registrier-Kasse. In einem Vortrag auf dem Food Business Weltgipfel 2003; Zusammenfassung: www.ciesnet.com/pdf/programme/summit/barcelona-executive-summary-german.pdf

Fallstudie Kettle: Mit Luxus-Kartoffelchips zum Erfolg, in: Trendletter 7/2002.

Rüdiger Kiani-Kress: Lufthansa: Gefährliche Sparstrategie, in: Wirtschaftswoche, 17.05.2004.

Peter Stippel: Human-Pricing – Mit religiösem Eifer fliegt ein Qualitäts- und Effizienz-Prediger aus Utah allen anderen amerikanischen Airlines davon, in: Absatzwirtschaft 4/2003.

Literatur

David Bosshart: Billig. Wie die Lust am Discount Wirtschaft und Gesellschaft verändert. Redline 2004.

Richard N. Foster: The Attackers Advantage. Simon & Schuster 1988.

Barry Gibbons: Die wunderbare Welt der Wirtschaft. Redline 2004.

Barry Gibbons: Manager, Visionäre, Wahnsinnige. Redline 2003.

Gary Hamel: Das revolutionäre Unternehmen. Econ 2001.

Gary Hamel, C. K. Prahalad: Wettlauf um die Zukunft. Ueberreuter 1997.

Guy Kawasaki: Die Kunst, die Konkurrenz zum Wahnsinn zu treiben. Signum 2002.

Kevin Kelly: NetEconomy. Econ 2002.

Theodore Levitt: Über Management. Campus 1992.

Regis McKenna: Access-Marketing. Wiley-Vch 2002.

Regis McKenna: Real Time Marketing. Midas Management Verlag 2001.

Christian Mikunda: Marketing spüren. Willkommen am dritten Ort. Redline 2002.

David Ogilvy: Geständnisse eines Werbemannes. Econ 2000.

Tom Peters: Re-imagine! Spitzenleistungen in chaotischen Zeiten. Dorling Kindersley 2004.

Tom Peters: Der Innovationskreis. Ohne Wandel kein Wachstum – wer abbaut, verliert. Econ 2002.

Joseph Pine, James Gilmore: Erlebniskauf. Econ 2002.

C. K. Prahalad, Venkat Ramaswamy: Die Zukunft des Wettbewerbs. Linde 2004.

Jonas Ridderstråle und Kjell Nordström: Funky Business. Financial Times Prentice Hall 2002.

Jonas Ridderstråle und Kjell A. Nordström: Karaoke Capitalism. Managing for Mankind. Financial Times Prentice Hall 2004.

Hermann Simon: Die heimlichen Gewinner (Hidden Champions). Heyne 1998.

Markus Stolpmann: Weniger ist Mehrwert. Galileo Business 2002.

Zeitschriften:

Absatzwirtschaft – www.absatzwirtschaft.de

Acquisa – www.acquisa.de

brand eins – www.brandeins.de

Business Bestseller – www.business-bestseller.com

Capital – www.capital.de

Fast Company – www.fastcompany.com

Harvard Business Manager – www.harvardbusinessmanager.de

Impulse – www.impulse.de

Marketing & Kommunikation – www.m-k.ch

McK Wissen – www.brandeins-wissen.de

Persönlich – www.persoenlich.com

Trendletter – www.trendletter.de

Weitere Literaturtipps und Anregungen finden Sie auf:

www.innovations-bestseller.com

sowie in unserem monatlich erscheinenden Beratungsletter:

www.beratungsletter.com

Die Website zum Buch finden Sie unter

www.differentthinking.de

Bildnachweis

Abb. 1: Starbucks in Deutschland/Karstadt-Coffee GmbH

Abb. 2: Umpqua Holdings Corporation

Abb. 3: easyGroup; www.easycruise.com

Abb. 4: Kirche in Not/Ostpriesterhilfe Deutschland e. V.

Abb. 5: JURA Elektroapparate AG; www.jura-world.com

Abb. 6: BackWerk Systemzentrale GmbH & Co.KG

Abb. 7: H & M, Hennes & Mauritz AB; www.hm.com

Abb. 8: Bruno Banani

Abb. 9: Birkenstock Orthopädie GmbH; www.birkenstock.com

Abb. 10: Mast-Jägermeister AG

Abb. 11: Strida UK Ltd.; www.strida.com

Abb. 12: Church & Dwight Co., Inc.; www.armandhammer.com

Abb. 13: © 2004 The LEGO Group. LEGO, the LEGO logo and SERIOUS PLAY are trademarks of the LEGO Group, here used by special permission

Abb. 14: The Cube Hotels GmbH

Abb. 15: Schwan-STABILO; Schwanhäußer GmbH & Co. KG

Abb. 16: Cirque du Soleil; www.cirquedusoleil.com

Abb. 17: BLM Europe Ltd.; www.blacklike-me.co.uk

Abb. 18: Babette's

Abb. 19: Cleanicum OHG

Abb. 20: The Library Hotel; www.libraryhotel.com

Abb. 21: Zotter Schokoladen Manufaktur GmbH

Abb. 22: Naked News; www.nakednews.com

Abb. 23: Dyson GmbH

Abb. 24: Toto USA, Inc. www.totousa.com

Abb. 25: Red Bull Hangar-7 GmbH & CoKG, UlrichGrill.com

Abb. 26: Renault Nissan Österreich GmbH

Abb. 27: Bang & Olufsen Deutschland GmbH

Abb. 28: Alessi Showroom, Hamburg

Abb. 29: Method Products Inc.; www.methodhome.com

Abb. 30: Spreewaldhof

Abb. 31: OMA – Office for Metropolitan Architecture

Abb. 32: Photo courtesy of American Girl

Abb. 33: Icehotel AB

Abb. 34: Best Buy Stores, L.P.; www.geeksquad.com

Abb. 35: Anja Förster

Abb. 36: Sebastian Mauritz; Deuerlich Bücher und Medien

Abb. 37: ALAG Auto-Mobil AG & Co. KG; Budget; www.budget.de

Abb. 38: Philips Austria GmbH

Abb. 39: Lauda Car.com Mobile Advertising GmbH; www.laudamotion.com

Abb. 40: Wylerhof; www.kuhleasing.ch

Abb. 41: Sisters of St. Francis of Williamsville; www.wmsvlfranciscans.org

Abb. 42: Kettle Foods, Inc.; www.kettlefoods.com

Abb. 43: Kieser Training AG

Abb. 44: Meyer-Johanning GmbH & Co. KG; www.musikalienhandel.de

Stichwortverzeichnis